JN021398

算数検定

実用数学技能検定® 数検

過去問題集

THE MATHEMATICS CERTIFICATION INSTITUTE OF JAPAN
[THE 7th GRADE]

7級

7

公益財団法人 日本数学検定協会

まえがき

　プログラミング教育が話題となっていますが，小学校でどのような授業が行われるか気になりませんか？

　文部科学省が示した小学校プログラミング教育のねらいの中で，将来どのような職業につくとしても求められる力として「プログラミング的思考」がかかげられ，「自分が意図する一連の活動を実現するために，どのような動きの組合せが必要であり，一つ一つの動きに対応した記号を，どのように組み合わせたらいいのか，記号の組合せをどのように改善していけば，より意図した活動に近づくのか，といったことを論理的に考えていく力」と説明されています。たとえば，同じおかしを何個かお皿にのせたときの重さを計算するときにかけ算とたし算をどのような順番で使えばよいか考えたり，進んでいる方向と逆の方向に進んで元の位置にもどりたいときに何度回転して何m進めばよいか考えたりする場面で，記号や数などを適切に用いて，自分がめざす結果や動きを実現できる思考力が大切です。

　算数検定8級（小学校4年生程度）から6級（小学校6年生程度）まででは，習得したスキルをさまざまな場面に合わせて活用し，思考力を働かせて解決する問題が出題されるため，その良さに気づくことを体感できます。たとえば，新聞を読むと，前年度差や推移を表したグラフなどを目にします。このような表やグラフが社会や生活で担う役割を知ることができるような問題が出題されたりします。算数検定8級から6級までの学習に取り組むことは，現代社会のさまざまな課題を正しく認識し，その社会課題を解決するためのさまざまな力を身につけることにつながります。このさまざまな力の中の重要なものとしてプログラミング的思考があるのです。

　4年ごとに行われる「IEA国際数学・理科教育動向調査」（TIMSS）の結果において，「数学を勉強すると，日常生活に役立つか？」という中学生への質問に対し，「強くそう思う」「そう思う」と答えた日本の生徒の割合は増加傾向にあるものの国際平均を下回っています。算数を学ぶことでプログラミング的思考などのさまざまな力がつちかわれ，それらが社会課題の解決と結びつくことが理解できると，算数の学習が日常生活に役立つということに気づくことができます。ぜひ，この機会に算数による気づきを体感してください。

公益財団法人　日本数学検定協会

目 次 ━━━━━━━━━━━━━━

別冊　各問題の解答と解説は別冊に掲載されています。
本体から取り外して使うこともできます。

検定概要

「実用数学技能検定」とは

「実用数学技能検定」（後援＝文部科学省。対象：1〜11級）は，数学・算数の実用的な技能（計算・作図・表現・測定・整理・統計・証明）を測る「記述式」の検定で，公益財団法人日本数学検定協会が実施している全国レベルの実力・絶対評価システムです。

検定階級

1級，準1級，2級，準2級，3級，4級，5級，6級，7級，8級，9級，10級，11級，かず・かたち検定のゴールドスター，シルバースターがあります。おもに，数学領域である1級から5級までを「数学検定」と呼び，算数領域である6級から11級，かず・かたち検定までを「算数検定」と呼びます。

1次：計算技能検定／2次：数理技能検定

数学検定（1〜5級）には，計算技能を測る「1次：計算技能検定」と数理応用技能を測る「2次：数理技能検定」があります。算数検定（6〜11級，かず・かたち検定）には，1次・2次の区分はありません。

「実用数学技能検定」の特長とメリット

① 「記述式」の検定

解答を記述することで，答えに至る過程や結果について理解しているかどうかをみることができます。

②学年をまたぐ幅広い出題範囲

準1級から10級までの出題範囲は，目安となる学年とその下の学年の2学年分または3学年分にわたります。1年前，2年前に学習した内容の理解についても確認することができます。

③取り組みがかたちになる

検定合格者には「合格証」を発行します。算数検定では，合格点に満たない場合でも，「未来期待証」を発行し，算数の学習への取り組みを証します。

合格証

未来期待証

受検方法

受検方法によって，検定日や検定料，受検できる階級や申込方法などが異なります。くわしくは公式サイトでご確認ください。

👤個人受検

日曜日に年3回実施する個人受検Ａ日程と，土曜日に実施する個人受検Ｂ日程があります。

個人受検Ｂ日程で実施する検定回や階級は，会場ごとに異なります。

👥団体受検

団体受検とは，学校や学習塾などで受検する方法です。団体が選択した検定日に実施されます。くわしくは学校や学習塾にお問い合わせください。

🎖検定日当日の持ち物

持ち物　　　　　　　　　　階級	1～5級		6～8級	9～11級	かず・かたち検定
	1次	2次			
受検証（写真貼付）※1	必須	必須	必須	必須	
鉛筆またはシャープペンシル（黒のHB・B・2B）	必須	必須	必須	必須	必須
消しゴム	必須	必須	必須	必須	必須
ものさし（定規）		必須	必須	必須	
コンパス		必須	必須		
分度器			必須		
電卓（算盤）※2		使用可			

※1　団体受検では受検証は発行・送付されません。

※2　使用できる電卓の種類　○一般的な電卓　○関数電卓　○グラフ電卓
　　　通信機能や印刷機能をもつもの，携帯電話・スマートフォン・電子辞書・パソコンなどの電卓機能は使用できません。

階級の構成

	階級	構成	検定時間	出題数	合格基準	目安となる学年
数学検定	1級	1次：計算技能検定 2次：数理技能検定 があります。 はじめて受検するときは1次・2次両方を受検します。	1次：60分 2次：120分	1次：7問 2次：2題必須・5題より2題選択	1次：全問題の70%程度 2次：全問題の60%程度	大学程度・一般
数学検定	準1級					高校3年程度 （数学Ⅲ・数学C程度）
数学検定	2級		1次：50分 2次：90分	1次：15問 2次：2題必須・5題より3題選択		高校2年程度 （数学Ⅱ・数学B程度）
数学検定	準2級			1次：15問 2次：10問		高校1年程度 （数学Ⅰ・数学A程度）
数学検定	3級		1次：50分 2次：60分	1次：30問 2次：20問		中学校3年程度
数学検定	4級					中学校2年程度
数学検定	5級					中学校1年程度
算数検定	6級	1次／2次の区分はありません。	50分	30問	全問題の70%程度	小学校6年程度
算数検定	7級					小学校5年程度
算数検定	8級					小学校4年程度
算数検定	9級		40分	20問		小学校3年程度
算数検定	10級					小学校2年程度
算数検定	11級					小学校1年程度
かず・かたち検定	ゴールドスター			15問	10問	幼児
かず・かたち検定	シルバースター					

6

7級の検定基準(抄)

検定の内容	技能の概要	目安となる学年
整数や小数の四則混合計算，約数・倍数，分数の加減，三角形・四角形の面積，三角形・四角形の内角の和，立方体・直方体の体積，平均，単位量あたりの大きさ，多角形，図形の合同，円周の長さ，角柱・円柱，簡単な比例，基本的なグラフの表現，割合や百分率の理解 など	**身近な生活に役立つ算数技能** ①コインの数や紙幣の枚数を数えることができ，金銭の計算や授受を確実に行うことができる。 ②複数の物の数や量の比較を円グラフや帯グラフなどで表示することができる。 ③消費税などを算出できる。	小学校5年程度
整数の四則混合計算，小数・同分母の分数の加減，概数の理解，長方形・正方形の面積，基本的な立体図形の理解，角の大きさ，平行・垂直の理解，平行四辺形・ひし形・台形の理解，表と折れ線グラフ，伴って変わる2つの数量の関係の理解，そろばんの使い方など	**身近な生活に役立つ算数技能** ①都道府県人口の比較ができる。 ②部屋，家の広さを算出することができる。 ③単位あたりの料金から代金が計算できる。	小学校4年程度

7級の検定内容の構造

小学校5年程度	小学校4年程度	特有問題
45%	45%	10%

※割合はおおよその目安です。
※検定内容の10%にあたる問題は，実用数学技能検定特有の問題です。

7

7級
きゅう

算数検定
実用数学技能検定®
[文部科学省後援]

―――――― 検定上の注意 ――――――

1. 自分が受検する階級の問題用紙であるか確認してください。
2. 検定開始の合図があるまで問題用紙を開かないでください。
3. 解答用紙の名前・受検番号・生年月日のらんは，書きもれのないように書いてください。
4. この表紙の右下のらんに，名前・受検番号を書いてください。
5. ものさし・分度器・コンパスを使用することができます。電卓を使用することはできません。
6. 携帯電話は電源を切り，検定中に使用しないでください。
7. 答えはすべて解答用紙に書いてください。
8. 答えが分数になるとき，約分してもっとも簡単な分数にしてください。
9. 問題用紙に印刷のはっきりしない部分がありましたら，検定監督官に申し出てください。
10. 検定が終わったら，この問題用紙は解答用紙といっしょに集めます。

名 前	
受検番号 じゅけんばんごう	―

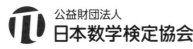

公益財団法人
日本数学検定協会

1 次の計算をしましょう。

(1)　$98 \div 7$

(2)　$962 \div 37$

(3)　$240 \div (48 + 12)$

(4)　$25 \times (75 + 15 \div 3)$

(5)　$3.34 + 8.97$

(6)　$7 - 2.06$

(7)　7.3×8.4

(8)　$9.12 \div 2.4$

(9)　$\dfrac{5}{12} + \dfrac{1}{6}$

(10)　$2\dfrac{1}{4} - 1\dfrac{7}{20}$

(11)　$\dfrac{2}{5} + \dfrac{1}{6} + \dfrac{7}{10}$

(12)　$2\dfrac{1}{9} - \dfrac{2}{3} - \dfrac{5}{6}$

2 次の □ にあてはまる数を求めましょう。

(13)　15300000000は，1000万を □ 個集めた数です。

(14)　0.1を4個と0.01を9個合わせた数は □ です。

(15)　1.54を $\frac{1}{10}$ にした数は □ です。

3 　東町の人口は16825人で，西町の人口は35106人です。これについて，次の問題に答えましょう。答えは，百の位を四捨五入して，千の位までの概数で求めましょう。

(16)　東町の人口はおよそ何人ですか。

(17)　来月，東町と西町が1つにまとまって，緑市になります。緑市の人口はおよそ何人になりますか。

4 右の折れ線グラフは，ある日の気温の変わり方を表したものです。これについて，次の問題に答えましょう。

(統計技能)

(18) 午後3時の気温は何度ですか。

(19) 気温の上がり方がいちばん大きかったのは何時から何時までの間ですか。下の⑦から⑦までの中から1つ選んで，その記号で答えましょう。

⑦ 午前8時から午前9時までの間

④ 午前9時から午前10時までの間

⑦ 午前10時から午前11時までの間

⑦ 午前11時から午前12時までの間

⑦ 午前12時から午後1時までの間

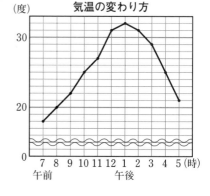

5 右の図は直方体の展開図です。この展開図を組み立てるとき，次の問題に答えましょう。

(20) 辺オカと重なる辺はどれですか。

(21) 点アに集まる点はどれですか。全部答えましょう。

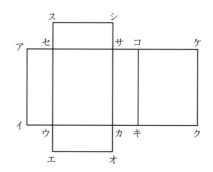

6 赤, 青, 白のテープがあります。テープ1本の長さは, 赤が $2\frac{2}{3}$ m, 青が $1\frac{1}{4}$ m, 白が $\frac{3}{5}$ m です。これについて, 次の問題に答えましょう。

(22) 赤いテープと青いテープの長さは, 合わせて何 m ですか。単位をつけて答えましょう。

(23) 赤いテープは, 白いテープより何 m 長いですか。単位をつけて答えましょう。

(24) 青いテープは, 白いテープより何 m 長いですか。この問題は, 式と答えを書きましょう。

7 ゆきえさんの1か月のおこづかいは1200円です。これについて, 次の問題に答えましょう。

(25) ゆきえさんは480円の本を買いました。この本のねだんは, 1か月のおこづかいの何%ですか。

(26) ゆきえさんは文ぼう具を買うために, 1か月のおこづかいの25%の金額を使いました。文ぼう具に使った金額は何円ですか。

8 下の図の⑦と⑥の四角形は合同です。これについて，次の問題に答えましょう。

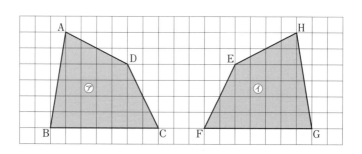

(27) 辺ADに対応する辺はどれですか。

(28) 角Fに対応する角はどれですか。

9　A社のタクシーの料金は，走った道のりによって，次のように決まっています。

A社
● 乗り始めてから2000mちょうどまでは670円とする。
● 2000mをこえると80円加算する。
● その後は，300m走るごとに80円加算する。

670円　　　　　　　　　　　　　　　　　＋80円　＋80円

|←──────────2000m──────────→|　300m　|

このとき，次の問題に答えましょう。　　　　　　　　　　　　　　（整理技能）

(29)　駅から市役所までの道のりは3000mです。駅から市役所までA社のタクシーで行くと，料金は何円ですか。

(30)　次のア，イにあてはまる数を求めましょう。

A社のタクシー料金が1310円になるのは，走った道のりが ア m より長く イ m以下のときです。

1				1	(11)	
	(1)				(12)	
	(2)			2	(13)	(個)
	(3)				(14)	
	(4)				(15)	
	(5)			3	(16)	人
	(6)				(17)	人
	(7)			4	(18)	度
	(8)				(19)	
	(9)			5	(20)	辺
	(10)					

●答えを直すときは、消しゴムできれいに消してください。
●答えは、解答用紙にはっきりと書いてください。

太わくの部分は必ず記入してください。

ここにバーコードシールを
はってください。

ふりがな			受検番号
姓	名		―

生年月日　大正　昭和　平成　西暦　　年　月　日生

性別（□をぬりつぶしてください）男□　女□　　年齢　　歳

住所　□□□-□□□□

/30

公益財団法人 **日本数学検定協会**

16

5	(21)	点
6	(22)	
	(23)	
	(24)	(答え)　　　　　　　　　　　　　m
7	(25)	%
	(26)	円
8	(27)	辺
	(28)	角
9	(29)	円
	(30)	ア　　　　　　　　イ

●この検定が実施された日時を書いてください。

日付：（　　）年（　　）月（　　）日

時間：（　　）時（　　）分 ～（　　）時（　　）分

●時間のある人はアンケートにご協力ください。あてはまるものの□をぬりつぶしてください。

算数・数学は得意ですか。
はい □　いいえ □

検定時間はどうでしたか。
短い □　よい □　長い □

問題の内容はどうでしたか。
難しい □　ふつう □　易しい □

おもしろかった問題は何番ですか。[1]～[9]までの中から2つまで選び，ぬりつぶしてください。

[1]　[2]　[3]　[4]　[5]　[6]　[7]　[8]　[9]　　（よい例 ■　悪い例 ☒ ）

監督官から「この検定問題は，本日開封されました」という宣言を聞きましたか。
（　はい □　いいえ □　）

検定をしているとき，監督官はずっといましたか。
（　はい □　いいえ □　）

17

.... Memo ....

7級
きゅう

算数検定
実用数学技能検定®
[文部科学省後援]

第2回　　　　　　　　　　　　　〔検定時間〕50分

検定上の注意

1. 自分が受検する階級の問題用紙であるか確認してください。

2. 検定開始の合図があるまで問題用紙を開かないでください。

3. 解答用紙の名前・受検番号・生年月日のらんは、書きもれのないように書いてください。

4. この表紙の右下のらんに、名前・受検番号を書いてください。

5. ものさし・分度器・コンパスを使用することができます。電卓を使用することはできません。

6. 携帯電話は電源を切り、検定中に使用しないでください。

7. 答えはすべて解答用紙に書いてください。

8. 答えが分数になるとき、約分してもっとも簡単な分数にしてください。

9. 問題用紙に印刷のはっきりしない部分がありましたら、検定監督官に申し出てください。

10. 検定が終わったら、この問題用紙は解答用紙といっしょに集めます。

下記の「個人情報の取扱い」についてご同意いただいたうえでご提出ください。

【このフォームでお預かりするすべての個人情報の取り扱いについて】

1. 事業者の名称　　公益財団法人日本数学検定協会

2. 個人情報保護管理者の職名、所属および連絡先
   管理者職名：個人情報保護管理者
   所属部署：事務局　事務局次長　　連絡先：03-5812-8340

3. 個人情報の利用目的　　受検者情報の管理、採点、本人確認のため。

4. 個人情報の第三者への提供　　団体窓口経由でお申込みの場合は、検定結果を通知するために、申し込み情報、氏名、受検階級、成績を、Webでのお知らせまたはFAX、送付、電子メール添付などにより、お申し込みもとの団体様に提供します。

5. 個人情報取り扱いの委託　　前項利用目的の範囲に限って個人情報を外部に委託することがあります。

6. 個人情報の開示等の請求　　ご本人様はご自身の個人情報の開示等に関して、下記の当協会お問い合わせ窓口に申し出ることができます。その際、当協会はご本人様を確認させていただいたうえで、合理的な対応を期間内にいたします。
   【問い合わせ窓口】
   公益財団法人日本数学検定協会　検定問い合わせ係
   〒110-0005 東京都台東区上野5-1-1 文昌堂ビル6階
   TEL：03-5812-8340　電話問い合わせ時間 月～金 9:30-17:00
   （祝日・年末年始・当協会の休業日を除く）

7. 個人情報を提供されることの任意性について
   ご本人様が当協会に個人情報を提供されるかどうかは任意によるものです。ただし正しい情報をいただけない場合、適切な対応ができない場合があります。

名　前	
受検番号 じゅけんばんごう	―

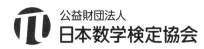

公益財団法人
日本数学検定協会

1 次の計算をしましょう。 (計算技能)

(1) $84 \div 7$

(2) $728 \div 26$

(3) $21 + 8 \times 19$

(4) $69 \div (3 + 20)$

(5) $4.59 + 3.87$

(6) $7.01 - 3.48$

(7) 5.2×2.7

(8) $8.99 \div 3.1$

(9) $\dfrac{1}{2} + \dfrac{3}{8}$

(10) $2\dfrac{5}{6} - \dfrac{9}{10}$

(11) $\dfrac{1}{9} + \dfrac{2}{3} + \dfrac{4}{5}$

(12) $1\dfrac{1}{2} + \dfrac{2}{7} - \dfrac{3}{4}$

2 次の □ にあてはまる数を求めましょう。

(13) 48000000000は，1億を□ 個集めた数です。

(14) 0.1を4個と0.01を6個合わせた数は □ です。

(15) 0.293を100倍した数は □ です。

3 けんとさんは，筆箱と消しゴムとえん筆を買いました。筆箱のねだんは510円，消しゴムのねだんは85円でした。このとき，次の問題に答えましょう。消費税はねだんにふくまれているので，考える必要はありません。

(16) 筆箱のねだんは，消しゴムのねだんの何倍ですか。

(17) 筆箱のねだんは，えん筆のねだんの15倍でした。えん筆のねだんは何円ですか。

4 　20個のおはじきを，まいこさんとあゆみさんの2人で分けます。下の表は，2人のおはじきの数をまとめたものです。これについて，次の問題に答えましょう。

まいこさんのおはじき(個)	0	1	2	3	4	5	6	…	12
あゆみさんのおはじき(個)	20	19	18	17	16	15	14	…	㋐

(18)　表の㋐にあてはまる数を答えましょう。

(19)　まいこさんのおはじきの数を○個，あゆみさんのおはじきの数を□個として，○と□の関係を式に表しましょう。　　　　　　(表現技能)

5 　下の図で，点イの位置は点アをもとにすると，(横2cm，たて1cm)と表すことができます。これについて，次の問題に答えましょう。

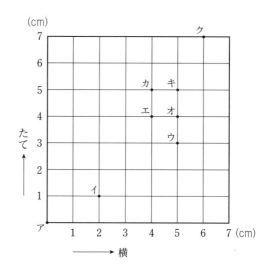

(20)　点アをもとにして，(横4cm，たて5cm)の位置にある点はどれですか。点ウからキまでの中から1つ選んで，その記号で答えましょう。

(21)　点アをもとにして，点クの位置を表しましょう。　　　　　　(表現技能)

6 　さやかさんの家の近くの公園に，長方形のスイセンの花だんとツバキの花だんがあります。スイセンの花だんはたての長さが2m，横の長さがたての長さの2.4倍で，ツバキの花だんはたての長さが7.2m，面積が82.8m²です。このとき，次の問題に答えましょう。

(22)　スイセンの花だんの横の長さは何mですか。

(23)　ツバキの花だんの横の長さは何mですか。この問題は，式と答えを書きましょう。

(24)　この公園全体の面積は，ツバキの花だんの面積の3.5倍です。この公園全体の面積は何m²ですか。

7 　下の帯グラフは，ある雑貨店で1か月間に売り上げた金額の割合を商品の種類別に表したものです。これについて，次の問題に答えましょう。　　　（統計技能）

商品の種類別の売り上げた金額の割合

食器	アクセサリー	文ぼう具	バッグ	その他

```
|1|1|1|1|1|1|1|1|1|1|1|1|1|1|1|1|1|1|1|1|1|
0   10   20   30   40   50   60   70   80   90  100 %
```

(25)　アクセサリーの割合は，全体の何％ですか。

(26)　1か月間に売り上げた金額の合計は150万円でした。食器で売り上げた金額は何円ですか。

23

8 下の図形のまわりの長さは，それぞれ何 cm ですか。単位をつけて答えましょう。
円周率は3.14とします。

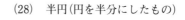

(測定技能)

(27)　円　　　　　　　　　　　　　　　(28)　半円(円を半分にしたもの)

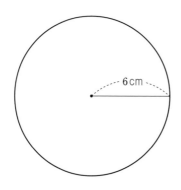

6 cm

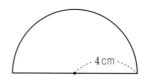

4 cm

9 いくつかのたし算の式を，たてと横につなぎ合わせます。下の図では，あ＋い＝17，あ＋う＝16など，4つの式がつながれています。あからかまでに，4から9までの整数を入れて，たし算の式になるようにします。同じ数は1回しか使えません。これについて，次の問題に答えましょう。　　　（整理技能）

$$\boxed{あ} + \boxed{い} = 17$$
$$+ \quad +$$
$$\boxed{う} + \boxed{え} + \boxed{お} = 18$$
$$\| \quad +$$
$$16 \quad \boxed{か}$$
$$\|$$
$$18$$

(29)　あにあてはまる数を求めましょう。

(30)　かにあてはまる数を求めましょう。

解答用紙

第 2 回 7級

1	(1)	
	(2)	
	(3)	
	(4)	
	(5)	
	(6)	
	(7)	
	(8)	
	(9)	
	(10)	

1	(11)		
	(12)		
2	(13)		(個)
	(14)		
	(15)		
3	(16)		倍
	(17)		円
4	(18)		
	(19)		
5	(20)	点	

●答えを直すときは、消しゴムできれいに消してください。
●答えは、解答用紙にはっきりと書いてください。

太わくの部分は必ず記入してください。

ここにバーコードシールを
はってください。

ふりがな		受検番号
姓	名	－

生年月日 大正 昭和 平成 西暦 年 月 日生

性別（□をぬりつぶしてください）男□ 女□ 年齢 歳

□□□-□□□□

住所

/30

公益財団法人 日本数学検定協会

5	(21)	（横　　　　cm，たて　　　　cm）
6	(22)	m
	(23)	
		（答え）　　　　　　　　　　　　　　m
	(24)	m²
7	(25)	％
	(26)	円
8	(27)	
	(28)	
9	(29)	
	(30)	

●この検定が実施された日時を書いてください。

日付（　）年（　）月（　）日

時間：（　）時（　）分～（　）時（　）分

第2回

●時間のある人はアンケートにご協力ください。あてはまるものの□をぬりつぶしてください。

算数・数学は得意ですか。	検定時間はどうでしたか。	問題の内容はどうでしたか。
はい □　　いいえ □	短い □　　よい □　　長い □	難しい □　ふつう □　易しい □

おもしろかった問題は何番ですか。 1 ～ 9 までの中から2つまで選び，ぬりつぶしてください。

1　2　3　4　5　6　7　8　9　　（よい例 ■　悪い例 ✓ ）

監督官から「この検定問題は，本日開封されました」という宣言を聞きましたか。

（　はい □　　いいえ □　）

検定をしているとき，監督官はずっといましたか。

（　はい □　　いいえ □　）

27

Memo

7級

きゅう

算数検定
実用数学技能検定®
[文部科学省後援]

検定上の注意

1. 自分が受検する階級の問題用紙であるか確認してください。
2. 検定開始の合図があるまで問題用紙を開かないでください。
3. 解答用紙の名前・受検番号・生年月日のらんは，書きもれのないように書いてください。
4. この表紙の右下のらんに，名前・受検番号を書いてください。
5. ものさし・分度器・コンパスを使用することができます。電卓を使用することはできません。
6. 携帯電話は電源を切り，検定中に使用しないでください。
7. 答えはすべて解答用紙に書いてください。
8. 答えが分数になるとき，約分してもっとも簡単な分数にしてください。
9. 問題用紙に印刷のはっきりしない部分がありましたら，検定監督官に申し出てください。
10. 検定が終わったら，この問題用紙は解答用紙といっしょに集めます。

下記の「個人情報の取扱い」についてご同意いただいたうえでご提出ください。

【このフォームでお預かりするすべての個人情報の取り扱いについて】
1. 事業者の名称　　公益財団法人日本数学検定協会
2. 個人情報保護管理者の職名，所属および連絡先
　　管理者職名：個人情報保護管理者
　　所属部署：事務局　事務局次長　　　連絡先：03-5812-8340
3. 個人情報の利用目的　　受検者情報の管理，採点，本人確認のため。
4. 個人情報の第三者への提供　　団体窓口経由でお申込みの場合は，検定結果を通知するために，申し込み情報，氏名，受検階級，成績を，Webでのお知らせまたはFAX，送付，電子メール添付などにより，お申し込みもとの団体様に提供します。
5. 個人情報取り扱いの委託　　前項利用目的の範囲に限って個人情報を外部に委託することがあります。
6. 個人情報の開示等の請求　　ご本人様はご自身の個人情報の開示等に関して，下記の当協会お問い合わせ窓口に申し出ることができます。その際，当協会はご本人様を確認させていただいたうえで，合理的な対応を期間内にいたします。
【問い合わせ窓口】
公益財団法人日本数学検定協会　検定問い合わせ係
〒110-0005 東京都台東区上野5-1-1 文昌堂ビル6階
TEL：03-5812-8340　電話問い合わせ時間 月～金 9:30-17:00
（祝日・年末年始・当協会の休業日を除く）
7. 個人情報を提供されることの任意性について
ご本人様が当協会に個人情報を提供されるかどうかは任意によるものです。ただし正しい情報をいただけない場合，適切な対応ができない場合があります。

名 前	
受検番号	―

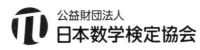

公益財団法人
日本数学検定協会

1 次の計算をしましょう。　　　　　　　　　　　　　　　　（計算技能）

(1) $96 \div 8$

(2) $840 \div 35$

(3) $36 + 24 \div 6$

(4) $20 - (7 - 4) \times 5$

(5) $3.62 + 2.95$

(6) $8.4 - 6.93$

(7) 5.7×2.8

(8) $60.8 \div 6.4$

(9) $\dfrac{1}{2} + \dfrac{2}{7}$

(10) $1\dfrac{1}{4} - \dfrac{2}{3}$

(11) $\dfrac{1}{6} + \dfrac{3}{8} + \dfrac{5}{12}$

(12) $4\dfrac{7}{10} - 2\dfrac{5}{6} + \dfrac{8}{15}$

2 次の □ にあてはまる数を求めましょう。

(13) 2400000000は，1億を □ 個集めた数です。

(14) 0.1を7個と0.01を2個合わせた数は □ です。

(15) 0.86を1000倍した数は □ です。

3 あめが224個あります。このとき，次の問題に答えましょう。

(16) 28人に同じ数ずつ分けると，1人分は何個になりますか。

(17) 13個ずつふくろに入れると，13個入りのふくろはいくつできて，あめは何個あまりますか。

第3回

4 お楽しみ会で、おかしとジュースを配ることになりました。おかしはクッキーかチョコレート、ジュースはりんごジュースかオレンジジュースのどちらかを選びます。下の表は、お楽しみ会に参加する人が選んだおかしとジュースの組み合わせをまとめたものです。これについて、次の問題に答えましょう。（統計技能）

おかしとジュースの組み合わせ　　　　（人）

		ジュース		合　計
		りんご	オレンジ	
おかし	クッキー	10	7	
	チョコレート	8		15
合　計				32

(18) クッキーとりんごジュースを選んだ人は何人ですか。

(19) オレンジジュースを選んだ人は全部で何人ですか。

5 下の図形の面積は、それぞれ何 cm² ですか。単位をつけて答えましょう。図形の角は全部直角です。
（測定技能）

(20) 正方形

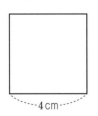

4 cm

(21)

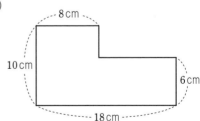

8 cm
10 cm
6 cm
18 cm

6 [1]，[2]，[3]，[4]，[5]の数字が書かれたカードが1まいずつあります。この5まいのカードを全部ならべて5けたの整数をつくります。このとき，次の問題に答えましょう。

(22) いちばん大きい奇数を書きましょう。

(23) いちばん小さい偶数を書きましょう。

第3回

7 A店とB店は，4500円の同じスニーカーを安く売ることにしました。A店では3600円で，B店では4500円の10％引きで売っています。このとき，次の問題に答えましょう。消費税はねだんにふくまれているので，考える必要はありません。

(24) A店のスニーカーのねだんは，4500円の何％ですか。この問題は，式と答えを書きましょう。

(25) このスニーカーのねだんは，A店とB店で，どちらが何円安いですか。

8 右の図は，1辺の長さが 8 cm の正六角形です。これについて，次の問題に答えましょう。

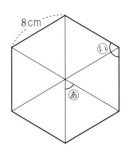

(26) まわりの長さは何 cm ですか。

(27) ㋐の角の大きさは何度ですか。

(28) ㋑の角の大きさは何度ですか。

9 ある学校では，校長先生がほかの先生たちに電話で連らくすることがあります。
そのために，先生から先生へ伝言し，できるだけ速く多くの先生に連らくできる
方法を考えることにしました。最初は校長先生から電話をします。1人が一度に
連らくできるのは1人だけで，一度の連らくには1分かかるものとします。校長
先生から6人の先生に連らくするとき，次の問題に答えましょう。 　(整理技能)

(29) 下の図の方法では，何分かかりますか。

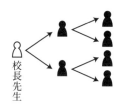

(30) 図1の方法と図2の方法では，どちらが何分速いですか。

図1　　　　　　　　　　　　図2

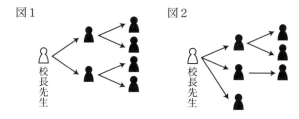

1	(1)	
	(2)	
	(3)	
	(4)	
	(5)	
	(6)	
	(7)	
	(8)	
	(9)	
	(10)	

1	(11)	
	(12)	
2	(13)	（個）
	(14)	
	(15)	
3	(16)	個
	(17)	ふくろ ／ あまり　個
4	(18)	人
	(19)	人
5	(20)	

●答えを直すときは、消しゴムできれいに消してください。
●答えは、解答用紙にはっきりと書いてください。

太わくの部分は必ず記入してください。

ここにバーコードシールを
はってください。

ふりがな
姓　　　名　　　受検番号　　—

生年月日　大正　昭和　平成　西暦　　年　月　日生

性別（□をぬりつぶしてください）男□　女□　年齢　歳

住所　□□□-□□□□

／30

公益財団法人 日本数学検定協会

実用数学技能検定 **7級**

●この検定が実施された日時を書いてください。

日付：（　）年（　）月（　）日

時間：（　）時（　）分 ～ （　）時（　）分

第3回

5	(21)	
6	(22)	
	(23)	
7	(24)	
		(答え)　　　　　　　　　　　　　　 %
	(25)	店が　　　　　　円安い
8	(26)	cm
	(27)	度
	(28)	度
9	(29)	分
	(30)	の方法が　　　　　　分速い

●時間のある人はアンケートにご協力ください。あてはまるものの□をぬりつぶしてください。

算数・数学は得意ですか。
はい □　いいえ □

検定時間はどうでしたか。
短い □　よい □　長い □

問題の内容はどうでしたか。
難しい □　ふつう □　易しい □

おもしろかった問題は何番ですか。 1 ～ 9 までの中から2つまで選び，ぬりつぶしてください。

1　2　3　4　5　6　7　8　9　　（よい例 ■　悪い例 � ）

監督官から「この検定問題は，本日開封されました」という宣言を聞きましたか。

（　はい □　　いいえ □　）

検定をしているとき，監督官はずっといましたか。　（　はい □　　いいえ □　）

················· **Memo** ·······················

7級

きゅう

算数検定

実用数学技能検定®

[文部科学省後援]

第4回　　　　　　　　　　　　　〔検定時間〕50分

第4回

── 検定上の注意 ──

1. 自分が受検する階級の問題用紙であるか確認してください。
2. 検定開始の合図があるまで問題用紙を開かないでください。
3. 解答用紙の名前・受検番号・生年月日のらんは、書きもれのないように書いてください。
4. この表紙の右下のらんに、名前・受検番号を書いてください。
5. ものさし・分度器・コンパスを使用することができます。電卓を使用することはできません。
6. 携帯電話は電源を切り、検定中に使用しないでください。
7. 答えはすべて解答用紙に書いてください。
8. 答えが分数になるとき、約分してもっとも簡単な分数にしてください。
9. 問題用紙に印刷のはっきりしない部分がありましたら、検定監督官に申し出てください。
10. 検定が終わったら、この問題用紙は解答用紙といっしょに集めます。

名 前	
受検番号	―

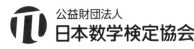

公益財団法人
日本数学検定協会

1 次の計算をしましょう。　　　　　　　　　　　　　　　　　（計算技能）

(1) $92 \div 4$

(2) $648 \div 72$

(3) $256 - 16 \div 8$

(4) $200 \div (10 + 15 \times 2)$

(5) $5.71 + 8.46$

(6) $9 - 5.36$

(7) 8.2×7.5

(8) $94.9 \div 1.3$

(9) $\dfrac{3}{4} + \dfrac{5}{6}$

(10) $1\dfrac{5}{24} - \dfrac{7}{8}$

(11) $\dfrac{3}{5} + \dfrac{9}{10} + \dfrac{1}{4}$

(12) $1\dfrac{1}{15} - \dfrac{5}{6} + \dfrac{3}{10}$

2 次の □ にあてはまる数を求めましょう。

(13) 120000000は，1000万を □ 個集めた数です。

(14) 0.1を9個と0.01を7個合わせた数は □ です。

(15) 50.8を $\frac{1}{100}$ にした数は □ です。

第4回

3 えんぴつが126本あります。このとき，次の問題に答えましょう。

(16) 1人に9本ずつ分けると，何人に分けることができますか。

(17) 15人に同じ数ずつ分けると，1人分は何本になって，何本あまりますか。

4 　表1は，あかねさんのクラスの児童15人について，犬とねこを飼っているかどうかを調べ，飼っている場合は○を，飼っていない場合は×を書いたものです。あかねさんは，この結果を表2にまとめようと考えています。これについて，次の問題に答えましょう。　　　　　　　　　　　　　　　　　　　　　（統計技能）

表1

出席番号	1	2	3	4	5	6	7	8	9	10	11	12	13	14	15
犬	○	×	○	○	×	×	○	○	×	×	○	○	×	○	○
ねこ	×	×	○	×	○	×	×	○	×	×	×	○	○	×	×

表2

犬とねこを飼っている人調べ　　　　（人）

		ねこ		合計
		飼っている	飼っていない	
犬	飼っている			ⓘ
	飼っていない	ⓐ		
	合計			15

(18)　ⓐにあてはまる数を求めましょう。

(19)　ⓘにあてはまる数を求めましょう。

5 右の図のように，点アを中心とする2つの円があります。直線イオ，ウカ，エキは，大きい円の直径です。これについて，次の問題に，下の①から⑤までの中からもっとも適切なものを1つずつ選んで，その番号で答えましょう。

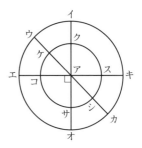

① 正方形

② ひし形

③ 長方形

④ 平行四辺形

⑤ 台形

(20) 4点イ，ウ，オ，カを頂点とする四角形はどれですか。

(21) 4点ク，エ，サ，キを頂点とする四角形はどれですか。

第4回

6 小麦粉が $3\frac{1}{12}$ kg あります。ケーキを作るのに $1\frac{3}{8}$ kg，クッキーを作るのに $\frac{5}{6}$ kg 使いました。このとき，次の問題に答えましょう。

(22) ケーキを作るのに使った小麦粉は，クッキーを作るのに使った小麦粉より何 kg 多いですか。

(23) ケーキとクッキーを作るのに使った小麦粉は，合わせて何 kg ですか。

(24) ケーキとクッキーを作ったあと，小麦粉は何 kg 残っていますか。

7 みさきさんの家の先月の生活費は，食費，住宅費，電気料金，ガス料金などをふくめて，全部で３０万円でした。このとき，次の問題に答えましょう。消費税はねだんにふくまれているので，考える必要はありません。

(25) 食費は４５０００円でした。食費は，生活費の何％ですか。

(26) 住宅費は，生活費の２０％でした。住宅費は何円ですか。この問題は，式と答えを書きましょう。

8 円と円周について，次の問題に単位をつけて答えましょう。円周率は３.１４とします。

(測定技能)

(27) 直径２０cmの円の円周の長さは何cmですか。

(28) 円周の長さが３１.４cmの円の直径は何cmですか。

9 トランプのハート(♥)とクラブ(♣)の2，3，4を用意し，この6まいのカードを使って，下の手順でゲームをします。このとき，次の問題に答えましょう。マークや数がかいてあるほうを表とします。 (整理技能)

【手順】

① 6まいのカードをよく混ぜて，左から順に，表向きにならべる。

② 1番めの数が，2番めより小さいときは，1番めのカードをうら返す。

③ 2番めの数が，3番めより小さいときは，2番めのカードをうら返す。

④ 3番めの数が，4番めより小さいときは，3番めのカードをうら返す。

⑤ 4番めの数が，5番めより小さいときは，4番めのカードをうら返す。

⑥ 5番めの数が，6番めより小さいときは，5番めのカードをうら返す。

⑦ 表向きのカードの数の合計を点数として勝敗を決める。

---

(29) あきさんが6まいのカードをならべたとき，下のようになりました。あきさんの点数は何点ですか。

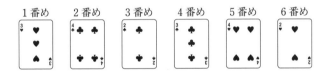

(30) けんとさんがゲームをしたあとの6まいのカードは下のようになりました。2番めのカードのマークと数を答えましょう。▨はうら向きのカードを，?は表向きのカードを表しています。

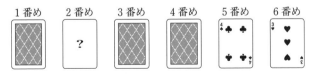

1	(1)			**1**	(11)	
	(2)				(12)	
	(3)			**2**	(13)	（個）
	(4)				(14)	
	(5)				(15)	
	(6)			**3**	(16)	人
	(7)				(17)	1人分　本　あまり　本
	(8)			**4**	(18)	
	(9)				(19)	
	(10)			**5**	(20)	

●答えを直すときは、消しゴムできれいに消してください。
●答えは、解答用紙にはっきりと書いてください。

太わくの部分は必ず記入してください。

ここにバーコードシールを
はってください。

ふりがな		じゅけんばんごう 受検番号
姓　　　　名		ー

せいねんがっぴ 生年月日	たいしょう 大正　しょうわ 昭和　へいせい 平成　せいれき 西暦	ねん 年　がつ 月　にち 日生 うまれ
性別（□をぬりつぶしてください）男□ 女□		ねんれい 年齢　さい 歳
じゅうしょ 住所	□□□-□□□□	/30

公益財団法人 **日本数学検定協会**

46

5	(21)	
	(22)	kg
6	(23)	kg
	(24)	kg
	(25)	%
7	(26)	
		(答え) 円
8	(27)	
	(28)	
9	(29)	点
	(30)	マーク ┆ 数

●この検定が実施された日時を書いてください。

日付： （　）年（　）月（　）日
時間： （　）時（　）分 ～ （　）時（　）分

●時間のある人はアンケートにご協力ください。あてはまるものの□をぬりつぶしてください。

算数・数学は得意ですか。	検定時間はどうでしたか。	問題の内容はどうでしたか。
はい □　いいえ □	短い □　よい □　長い □	難しい □　ふつう □　易しい □

おもしろかった問題は何番ですか。 1 ～ 9 までの中から2つまで選び，ぬりつぶしてください。

1 　2 　3 　4 　5 　6 　7 　8 　9 　　（よい例 ■ 悪い例 ✔ ）

監督官から「この検定問題は，本日開封されました」という宣言を聞きましたか。

（ はい □　いいえ □ ）

検定をしているとき，監督官はずっといましたか。

（ はい □　いいえ □ ）

·························· **Memo** ··························

7級

きゅう

算数検定

実用数学技能検定®

[文部科学省後援]

第5回　　　　　　　　　　　　　〔検定時間〕50分

検定上の注意

けんていじょう ちゅうい

1. 自分が受検する階級の問題用紙であるか確認してください。

2. 検定開始の合図があるまで問題用紙を開かないでください。

3. 解答用紙の名前・受検番号・生年月日のらんは，書きもれのないように書いてください。

4. この表紙の右下のらんに，名前・受検番号を書いてください。

5. ものさし・分度器・コンパスを使用することができます。電卓を使用することはできません。

6. 携帯電話は電源を切り，検定中に使用しないでください。

7. 答えはすべて解答用紙に書いてください。

8. 答えが分数になるとき，約分してもっとも簡単な分数にしてください。

9. 問題用紙に印刷のはっきりしない部分がありましたら，検定監督官に申し出てください。

10. 検定が終わったら，この問題用紙は解答用紙といっしょに集めます。

下記の「個人情報の取扱い」についてご同意いただいたうえでご提出ください。

【このフォームでお預かりするすべての個人情報の取り扱いについて】

1. 事業者の名称　　公益財団法人日本数学検定協会

2. 個人情報保護管理者の職名，所属および連絡先
   管理者名：個人情報保護管理者
   所属部署：事務局　事務局次長　　連絡先：03-5812-8340

3. 個人情報の利用目的　　受検者情報の管理，採点，本人確認のため。

4. 個人情報の第三者への提供　　団体窓口経由でお申込みの場合は，検定結果を通知するために，申し込み情報，氏名，受検階級，成績を，Web でのお知らせまたは FAX，送付，電子メール添付などにより，お申し込みもとの団体様に提供します。

5. 個人情報取り扱いの委託　　前項利用目的の範囲に限って個人情報を外部に委託することがあります。

6. 個人情報の開示等の請求　　ご本人様はご自身の個人情報の開示等に関して，下記の当協会お問い合わせ窓口に申し出ることができます。その際，当協会はご本人様を確認させていただいたうえで，合理的な対応を期間内にいたします。

【問い合わせ窓口】
公益財団法人日本数学検定協会　検定問い合わせ係
〒110-0005 東京都台東区上野 5-1-1 文昌堂ビル 6 階
TEL：03-5812-8340　電話問い合わせ時間 月〜金 9:30-17:00
（祝日・年末年始・当協会の休業日を除く）

7. 個人情報を提供されることの任意性について
ご本人様が当協会に個人情報を提供するかどうかは任意によるものです。ただし正しい情報をいただけない場合，適切な対応ができない場合があります。

名　前	
受検番号 じゅけんばんごう	－

第5回

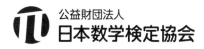

公益財団法人
日本数学検定協会

数検 7級

49

1 次の計算をしましょう。 （計算技能）

(1) $91 \div 7$

(2) $966 \div 69$

(3) $1025 - 125 \times 8$

(4) $12 \times (30 - 15 \div 3)$

(5) $4.62 + 9.4$

(6) $8 - 4.53$

(7) 5.4×8.5

(8) $75.2 \div 9.4$

(9) $\dfrac{2}{3} + \dfrac{4}{5}$

(10) $1\dfrac{5}{14} - \dfrac{5}{6}$

(11) $\dfrac{11}{24} + \dfrac{1}{6} + \dfrac{7}{8}$

(12) $1\dfrac{1}{5} - \dfrac{4}{9} + \dfrac{7}{15}$

2 次の □ にあてはまる数を求めましょう。

(13) 9800000000は，1000万を □ 個集めた数です。

(14) 0.1を6個と0.01を3個合わせた数は □ です。

(15) 7.15を10倍した数は □ です。

3 次の(16)，(17)は，計算のきまりを使って，くふうして計算をしています。どのきまりを使っていますか。下の⑦から⑨までの中から1つずつ選んで，その記号で答えましょう。

> ⑦ □＋○＝○＋□
> ④ □×○＝○×□
> ⑤ (□＋○)＋△＝□＋(○＋△)
> ⑤ (□×○)×△＝□×(○×△)
> ⑥ (□＋○)×△＝□×△＋○×△
> ⑨ (□－○)×△＝□×△－○×△

(16) 72×4×25＝72×(4×25)
　　　　　　　＝72×100
　　　　　　　＝7200

(17) 99×34＝(100－1)×34
　　　　　　＝100×34－1×34
　　　　　　＝3400－34
　　　　　　＝3366

第5回

4 下の表は，まきさんのクラス全員について，オリンピックとパラリンピックを観戦する予定があるかどうかを調べて，その結果をまとめたものです。これについて，次の問題に答えましょう。　　　　　　　　　　　　　　　　　　　（統計技能）

オリンピックとパラリンピックの観戦予定　　　　（人）

		パラリンピック		合　計
		ある	ない	
オリンピック	ある	14	9	
	ない		5	8
合　計				

(18)　オリンピックもパラリンピックも観戦する予定がある人は何人ですか。

(19)　パラリンピックを観戦する予定がある人は全部で何人ですか。

5 1組の三角定規のそれぞれの角の大きさは，右の図のようになっています。次の(20)，(21)の図は，1組の三角定規を組み合わせたものです。⑤，⑥の角度は，それぞれ何度ですか。

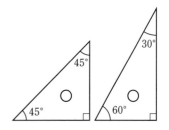

(20)

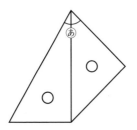

(21)

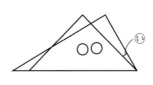

7－4

6 1から50までの数が書かれた50個のボールがあります。このうち，まず，ボールに書かれた数が4の倍数のものに赤い色をぬりました。次に，6の倍数のものに青いシールをはりました。このとき，次の問題に答えましょう。

(22) 赤い色をぬったボールは何個ですか。

(23) 青いシールをはったボールは何個ですか。

(24) 赤い色をぬり，青いシールもはったボールは何個ですか。

7 電車の車両の定員をもとにしたときの，乗車している人数の割合を「乗車率」といいます。定員が150人の車両について，次の問題に答えましょう。

(25) 乗車している人数が105人のとき，乗車率は何％ですか。

(26) 乗車率が80％のとき，乗車している人数は何人ですか。この問題は，式と答えを書きましょう。

第5回

53

8 下の図形のまわりの長さは，それぞれ何 cm ですか。単位をつけて答えましょう。
円周率は3.14とします。
(測定技能)

(27) 円

(28) 半円(円を半分にしたもの)

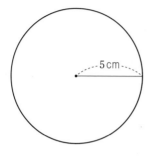

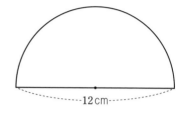

9 ○，△，□の3種類のおもりがあります。これらのおもりの重さをてんびんで比べたところ，下の図のようにつり合いました。○のおもり1個の重さは16gです。これについて，次の問題に答えましょう。 （整理技能）

(29) □のおもり1個の重さは何gですか。

(30) 下の図のように，てんびんの左の皿に○のおもりと□のおもりを1個ずつのせました。右の皿に△のおもりだけをのせて，てんびんがつり合うようにします。右の皿にのせる△のおもりは何個ですか。

第5回

1	(1)	
	(2)	
	(3)	
	(4)	
	(5)	
	(6)	
	(7)	
	(8)	
	(9)	
	(10)	

1	(11)	
	(12)	
2	(13)	(個)
	(14)	
	(15)	
3	(16)	
	(17)	
4	(18)	人
	(19)	人
5	(20)	度

●答えを直すときは、消しゴムできれいに消してください。
●答えは、解答用紙にはっきりと書いてください。

太わくの部分は必ず記入してください。

ここにバーコードシールを
はってください。

ふりがな		じゅけんばんごう 受検番号
姓	名	―
生年月日 大正 昭和 平成 西暦		年 月 日生
性別（□をぬりつぶしてください）男□ 女□		年齢 歳
住所 □□□-□□□□		/30

公益財団法人 **日本数学検定協会**

5	(21)	度
	(22)	個
6	(23)	個
	(24)	個
7	(25)	%
	(26)	
	(答え)	人
8	(27)	
	(28)	
9	(29)	g
	(30)	個

● この検定が実施された日時を書いてください。

日付：（　　）年（　　）月（　　）日

時間：（　　）時（　　）分 ～（　　）時（　　）分

第5回

●時間のある人はアンケートにご協力ください。あてはまるものの□をぬりつぶしてください。

算数・数学は得意ですか。
はい □　　いいえ □

検定時間はどうでしたか。
短い □　　よい □　　長い □

問題の内容はどうでしたか。
難しい □　　ふつう □　　易しい □

おもしろかった問題は何番ですか。 1 ～ 9 までの中から2つまで選び、ぬりつぶしてください。

1　2　3　4　5　6　7　8　9　　（よい例 1 　悪い例 ☒ ）

監督官から「この検定問題は，本日開封されました」という宣言を聞きましたか。
（　はい □　　いいえ □　）

検定をしているとき，監督官はずっといましたか。
（　はい □　　いいえ □　）

57

················· **Memo** ·····················

7級

きゅう

算数検定
実用数学技能検定®
[文部科学省後援]

―――― 検定上の注意 ――――

1. 自分が受検する階級の問題用紙であるか確認してください。

2. 検定開始の合図があるまで問題用紙を開かないでください。

3. 解答用紙の名前・受検番号・生年月日のらんは，書きもれのないように書いてください。

4. この表紙の右下のらんに，名前・受検番号を書いてください。

5. ものさし・分度器・コンパスを使用することができます。電卓を使用することはできません。

6. 携帯電話は電源を切り，検定中に使用しないでください。

7. 答えはすべて解答用紙に書いてください。

8. 答えが分数になるとき，約分してもっとも簡単な分数にしてください。

9. 問題用紙に印刷のはっきりしない部分がありましたら，検定監督官に申し出てください。

10. 検定が終わったら，この問題用紙は解答用紙といっしょに集めます。

名 前	
受検番号 じゅけんばんごう	―

第6回

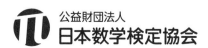

公益財団法人
日本数学検定協会

1 次の計算をしましょう。 (計算技能)

(1) $84 \div 6$

(2) $806 \div 13$

(3) $528 - 128 \div 8$

(4) $600 \div (90 - 15 \times 4)$

(5) $5.73 + 8.47$

(6) $6 - 0.59$

(7) 3.7×6.5

(8) $60.2 \div 8.6$

(9) $\dfrac{1}{7} + \dfrac{2}{3}$

(10) $1\dfrac{1}{10} - \dfrac{5}{6}$

(11) $\dfrac{5}{8} + \dfrac{1}{6} + \dfrac{7}{12}$

(12) $1\dfrac{3}{14} - \dfrac{2}{7} + 1\dfrac{1}{2}$

2 次の □ にあてはまる数を求めましょう。

(13) 9200000000は，1000万を □ 個集めた数です。

(14) 0.1を8個と0.01を4個合わせた数は □ です。

(15) 31.6を100倍した数は □ です。

3 下の表は，会社Aと会社Bの昨年の売上を表したものです。これについて，次の問題に答えましょう。答えは，千万の位を四捨五入して，一億の位までの概数で求めましょう。 (統計技能)

昨年の売上 　　　（円）

会社A	12781240529
会社B	9621647720

(16) 会社Aの売上は，およそ何円ですか。

(17) 会社Aの売上は，会社Bの売上よりおよそ何円多いですか。

第6回

4 下の表は，1個210円のプリンを買ったときの，個数と代金をまとめたものです。これについて，次の問題に答えましょう。消費税はねだんにふくまれているので，考える必要はありません。

個数(個)	1	2	3	4	5	6
代金(円)	210	420	630	840	あ	1260

(18) あにあてはまる数を答えましょう。

(19) 買ったプリンの個数を□個，代金を○円として，□と○の関係を式に表しましょう。

(表現技能)

5 1組の三角定規を，図1，図2のように組み合わせます。このとき，次の問題に単位をつけて答えましょう。

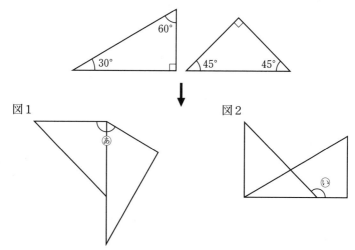

(20) あの角の大きさは何度ですか。

(21) いの角の大きさは何度ですか。

6 ある駅では，電車が6分ごとに，バスが14分ごとに出発しています。午前7時に電車とバスが同時に出発しました。このとき，次の問題に答えましょう。

(22) 午前7時の次に，電車とバスが同時に出発するのは，午前何時何分ですか。

(23) 午前7時に電車とバスが同時に出発したあと，午後1時までの間に電車とバスが同時に出発することは何回ありますか。午前7時は回数にふくめません。

7 さゆりさんの学年で，A，B，C，D，Eの5グループに分かれて長なわとびをして，1分間にとんだ回数を記録しました。Aは74回，Bは71回，Cは70回，Dは73回でした。このとき，次の問題に答えましょう。

(24) A，B，C，Dの4グループがとんだ回数の平均は何回ですか。

(25) A，B，C，D，Eの5グループがとんだ回数の平均は75回でした。Eがとんだ回数は何回ですか。この問題は，式と答えを書きましょう。

8 下の図のように，たて12cm，横20cm，高さ10cmの直方体の形をした石と，内側の長さがたて30cm，横40cmの直方体の形をした水そうがあります。水そうには，深さ15cmのところまで水が入っています。このとき，次の問題に答えましょう。

(測定技能)

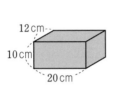 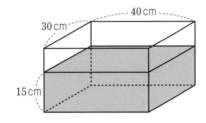

(26) 石の体積は何 cm³ ですか。

(27) 水そうに入っている水の体積は何 cm³ ですか。

(28) 水そうに石を入れて完全にしずめたとき，水の深さは何 cm 増えますか。

9 同じ大きさの正方形のタイル □ と ■ があります。このタイルを，下の図のように，あるきまりにしたがってならべます。このとき，次の問題に答えましょう。

(整理技能)

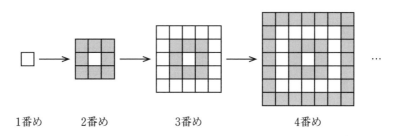

1番め　　2番め　　　3番め　　　　4番め

(29)　5番めの形は，タイルを全部で何まい使いますか。

(30)　6番めの形は，□ のタイルを何まい使いますか。

算数検定　解答用紙　第 6 回　7級

1	(1)	
	(2)	
	(3)	
	(4)	
	(5)	
	(6)	
	(7)	
	(8)	
	(9)	
	(10)	

1	(11)	
	(12)	
2	(13)	（個）
	(14)	
	(15)	
3	(16)	円
	(17)	円
4	(18)	
	(19)	
5	(20)	

●答えを直すときは、消しゴムできれいに消してください。
●答えは、解答用紙にはっきりと書いてください。

太わくの部分は必ず記入してください。

ここにバーコードシールを
はってください。

ふりがな		受検番号
姓	名	―

生年月日　大正　昭和　平成　西暦	年　月　日生

性別（□をぬりつぶしてください）男□　女□　　年齢　　歳

住所	□□□-□□□□	
		/30

公益財団法人 **日本数学検定協会**

5	(21)	
6	(22)	午前 　　　時 　　　分
	(23)	回
7	(24)	回
	(25)	
		(答え) 　　　　　回
8	(26)	cm³
	(27)	cm³
	(28)	cm
9	(29)	まい
	(30)	まい

●この検定が実施された日時を書いてください。

日付 ： （　　）年（　　）月（　　）日

時間：（　　）時（　　）分 ～ （　　）時（　　）分

第6回

●時間のある人はアンケートにご協力ください。あてはまるものの□をぬりつぶしてください。

算数・数学は得意ですか。　　はい □　　いいえ □

検定時間はどうでしたか。　　短い □　　よい □　　長い □

問題の内容はどうでしたか。　　難しい □　　ふつう □　　易しい □

おもしろかった問題は何番ですか。　1 ～ 9 までの中から2つまで選び，ぬりつぶしてください。

1　2　3　4　5　6　7　8　9　　（よい例 ■　　悪い例 ☑ ）

監督官から「この検定問題は，本日開封されました」という宣言を聞きましたか。　　（ はい □　　いいえ □ ）

検定をしているとき，監督官はずっといましたか。　　（ はい □　　いいえ □ ）

◉執筆協力：株式会社 シナップス
◉DTP：株式会社 千里
◉装丁デザイン：星 光信（Xing Design）
◉装丁イラスト：たじま なおと

◉編集担当：黒田 裕美・阿部 加奈子

実用数学技能検定　過去問題集　算数検定７級

2021年４月30日　初　版発行
2024年４月１日　第４刷発行

編　　者	公益財団法人 日本数学検定協会
発 行 者	髙田 忍
発 行 所	公益財団法人 日本数学検定協会
	〒110-0005 東京都台東区上野五丁目1番1号
	FAX 03-5812-8346
	https://www.su-gaku.net/
発 売 所	丸善出版株式会社
	〒101-0051 東京都千代田区神田神保町二丁目17番
	TEL 03-3512-3256　FAX 03-3512-3270
	https://www.maruzen-publishing.co.jp/
印刷・製本	倉敷印刷株式会社

ISBN978-4-901647-94-6　C0041

算数検定

実用数学技能検定® 数検
過去問題集 7級

〈別冊〉
解答と解説

※本体からとりはずすこともできます。

公益財団法人 日本数学検定協会

1

解答

(1) 14 (2) 26

(3) 4 (4) 2000

(5) 12.31 (6) 4.94

(7) 61.32 (8) 3.8

(9) $\dfrac{7}{12}$ (10) $\dfrac{9}{10}$

(11) $1\dfrac{4}{15}\left(\dfrac{19}{15}\right)$ (12) $\dfrac{11}{18}$

解説

(1) 筆算で計算します。

```
      1 4
  7 ) 9 8
      7      ←7×1
    ─────
      2 8
      2 8    ←7×4
    ─────
        0
```

> わり算の筆算は，大きい位から，
> たてる→かける→ひく→おろす
> の順で計算します。

(2) 筆算で計算します。

```
        2 6
  3 7 ) 9 6 2
        7 4      ←37×2
      ───────
        2 2 2
        2 2 2    ←37×6
      ───────
            0
```

(3) $240 \div (48 + 12) = 240 \div 60$
$$= 4$$

> （　）の中を先に計算します。

(4) $25 \times (75 + 15 \div 3)$
$$= 25 \times (75 + 5)$$
$$= 25 \times 80$$
$$= 2000$$

> ×，÷ → ＋，－
> の順に計算します。

(5) 筆算で計算します。

```
    1 1
    3 . 3 4    ←位をそろえて書く
  + 8 . 9 7
  ─────────
  1 2 . 3 1
```
上の小数点にそろえて，
小数点をうつ

> 小数のたし算・ひき算の筆算は，
> 位をそろえて書き，整数のたし
> 算・ひき算と同じように計算し
> ます。
> 答えの小数点は，上の小数点に
> そろえてうちます。

(6) 筆算で計算します。

$$\begin{array}{r} 7.\overset{6}{\cancel{0}}\overset{9}{\cancel{0}} \\ -\ 2.0\ 6 \\ \hline 4.9\ 4 \end{array}$$

←位をそろえて書く

←上の小数点にそろえて，小数点をうつ

(7) 筆算で計算します。

$$\begin{array}{r} 7.③ \\ \times\ 8.④ \\ \hline 2\ 9\ 2 \\ 5\ 8\ 4\ \ \\ \hline 6\ 1.③\ ② \end{array}$$

←小数点より下のけた数 1

←小数点より下のけた数 1

←小数点より下のけた数の和　1+1=2

> 小数のかけ算の筆算は，右側にそろえて書き，整数のかけ算と同じように計算します。
> 積の小数点は，小数点より下のけた数が，かけられる数とかける数の小数点より下のけた数の和と同じになるようにうちます。

(8) 筆算で計算します。

$$\begin{array}{r} 3.8 \\ 2.4\overline{)9\ 1.2} \\ 7\ 2\ \ \ \\ \hline 1\ 9\ 2 \\ 1\ 9\ 2 \\ \hline 0 \end{array}$$

10倍　　10倍

小数点の位置を右に1つずらす

91.2÷24の計算をする

> 小数のわり算の筆算は，わる数とわられる数の小数点を同じ数だけ右に移し，わる数を整数になおして計算します。
> 商の小数点は，わられる数の移した小数点にそろえてうちます。

(9)
$$\begin{aligned} &\frac{5}{12}+\frac{1}{6} \\ =&\frac{5}{12}+\frac{1\times2}{6\times2} \\ =&\frac{5}{12}+\frac{2}{12} \\ =&\frac{7}{12} \end{aligned}$$

分母を12と6の最小公倍数の12にする

> 分母のちがう分数のたし算・ひき算は，通分して（分母が同じ分数になおして）計算します。

(10) $2\dfrac{1}{4} - 1\dfrac{7}{20}$ ← 帯分数を仮分数に
なおす

$= \dfrac{9}{4} - \dfrac{27}{20}$

$= \dfrac{9 \times 5}{4 \times 5} - \dfrac{27}{20}$ ← 分母を 4 と20の
最小公倍数の20
にする

$= \dfrac{45}{20} - \dfrac{27}{20}$

$= \dfrac{18}{20}$

$= \dfrac{9}{10}$ ← 約分する

(11) $\dfrac{2}{5} + \dfrac{1}{6} + \dfrac{7}{10}$ ← 分母を 5 と
6 と10の最
小公倍数の
30にする

$= \dfrac{2 \times 6}{5 \times 6} + \dfrac{1 \times 5}{6 \times 5} + \dfrac{7 \times 3}{10 \times 3}$

$= \dfrac{12}{30} + \dfrac{5}{30} + \dfrac{21}{30}$

$= \dfrac{38}{30}$

$= \dfrac{19}{15}$ ← 約分する

$= 1\dfrac{4}{15}$

(12) $2\dfrac{1}{9} - \dfrac{2}{3} - \dfrac{5}{6}$ ← 帯分数を仮分数に
なおす

$= \dfrac{19}{9} - \dfrac{2}{3} - \dfrac{5}{6}$

$= \dfrac{19 \times 2}{9 \times 2} - \dfrac{2 \times 6}{3 \times 6} - \dfrac{5 \times 3}{6 \times 3}$ ← 分母を 9 と
3 と6の最
小公倍数の
18にする

$= \dfrac{38}{18} - \dfrac{12}{18} - \dfrac{15}{18}$

$= \dfrac{11}{18}$

2

解答

(13)　1530（個）　　(14)　0.49

(15)　0.154

解説

(13)　位をそろえて書くと，個数がわ
かります。

　　3 億は1000万を30個，50億は
1000万を500個，100億は1000万を
1000個集めた数です。

		億					万				
	千	百	十	一	千	百	十	一	千	百	十	一
		1	5	3	0	0	0	0	0	0	0	0
					1	0	0	0	0	0	0	0

(14)　0.1が 4 個で0.4，0.01が 9 個で
0.09，合わせて0.49です。

(15)　$\dfrac{1}{10}$にすると，小数点が左に 1
けた移ります。

　　　0.1，5 4

小数を$\dfrac{1}{10}$，$\dfrac{1}{100}$，$\dfrac{1}{1000}$にする
と，小数点は，それぞれ左に 1
けた，2 けた，3 けた移ります。

3

解答

⒃　17000人　　⒄　52000人

解説

⒃　百の位を四捨五入します。

　　1　6　⑧　2　5

　　　　　↓　　　　8だから
　　　1　0　0　0　切り上げる

　　1　6　8　2　5

　　　　　↓

　　1　7　0　0　0

およそ17000人です。

> ある位までの概数にするときは，その1つ下の位を四捨五入します（0，1，2，3，4のときは切り捨て，5，6，7，8，9のときは切り上げます）。

⒄　西町の人口も百の位を四捨五入して，千の位までの概数にします。

　　3　5　①　0　6

　　　　　↓　　　　1だから
　　　0　0　0　切り捨てる

　　3　5　1　0　6

　　　　　↓

　　3　5　0　0　0

　　概数にした東町と西町の人口をたします。

　　17000 + 35000 = 52000（人）

およそ，52000人です。

別の解き方

　たし算をしてから，計算結果を概数にします。

　　16825 + 35106 = 51931

　　5　1　⑨　3　1

　　　　　　　　　　9だから
　　　　↓　　　　　切り上げる
　　1　0　0　0

　　5　1　9　3　1

　　　　↓

　　5　2　0　0　0

およそ，52000人です。

4

解答

⒅　29度　　⒆　エ

解説

⒅　たての1目もりは1度を表しています。

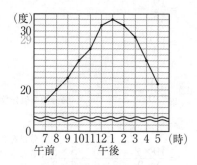

　午後3時の気温は，30度より1目もり低いから29度とわかります。

⒆　線のかたむきを比べます。いちばんかたむきが急なところが，気温の上がり方がいちばん大きかったところです。午前11時から12時の間がかたむきがいちばん急だから，答えは㋤です。

> 折れ線グラフでは，線のかたむきが急なほど変わり方は大きいです。

別の解き方

それぞれの時間で気温差がどれくらいあるか，グラフの目もりをよんでいきます。

㋐　午前8時から午前9時
　　20度→22度　気温差は2度
㋑　午前9時から午前10時
　　22度→25度　気温差は3度
㋒　午前10時から午前11時
　　25度→27度　気温差は2度
㋓　午前11時から午前12時
　　27度→31度　気温差は4度
㋔　午前12時から午後1時
　　31度→32度　気温差は1度

気温の上がり方がいちばん大きかったのは㋓です。

5

解答

⒇　辺キカ　　㉑　点ケ，ス

解説

⒇　展開図を組み立てます。

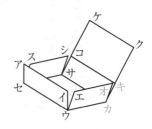

辺オカと重なる辺は，辺キカです。

㉑

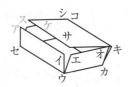

点アに集まる点は，点ケと点スです。

6

解答

(22) $3\dfrac{11}{12}\left(\dfrac{47}{12}\right)$ m

(23) $2\dfrac{1}{15}\left(\dfrac{31}{15}\right)$ m

(24) $1\dfrac{1}{4} - \dfrac{3}{5} = \dfrac{5}{4} - \dfrac{3}{5}$

$\qquad\qquad = \dfrac{25}{20} - \dfrac{12}{20}$

$\qquad\qquad = \dfrac{13}{20}$

（答え）　$\dfrac{13}{20}$ m

解説

(22) $2\dfrac{2}{3} + 1\dfrac{1}{4}$　帯分数を仮分数に
　　　　　　　　　　　　なおす

$= \dfrac{8}{3} + \dfrac{5}{4}$

　　　　　　　　　　分母を 3 と 4 の
$= \dfrac{8 \times 4}{3 \times 4} + \dfrac{5 \times 3}{4 \times 3}$　最小公倍数の12
　　　　　　　　　　にする

$= \dfrac{32}{12} + \dfrac{15}{12}$

$= \dfrac{47}{12}$

$= 3\dfrac{11}{12}$ (m)

別の解き方

$2\dfrac{2}{3} + 1\dfrac{1}{4}$

　　　　　　　　　　　分母を 3 と 4 の
$= 2\dfrac{2 \times 4}{3 \times 4} + 1\dfrac{1 \times 3}{4 \times 3}$　最小公倍数の12
　　　　　　　　　　　にする

$= 2\dfrac{8}{12} + 1\dfrac{3}{12}$　整数部分と
　　　　　　　　　　　分数部分に
$= 2 + 1 + \dfrac{8}{12} + \dfrac{3}{12}$　分ける

$= 3 + \dfrac{11}{12}$

$= 3\dfrac{11}{12}$ (m)

(23) $2\dfrac{2}{3} - \dfrac{3}{5}$　帯分数を仮分数に
　　　　　　　　　　なおす

$= \dfrac{8}{3} - \dfrac{3}{5}$

　　　　　　　　　分母を 3 と 5 の
$= \dfrac{8 \times 5}{3 \times 5} - \dfrac{3 \times 3}{5 \times 3}$　最小公倍数の15
　　　　　　　　　にする

$= \dfrac{40}{15} - \dfrac{9}{15}$

$= \dfrac{31}{15}$

$= 2\dfrac{1}{15}$ (m)

(24) $1\dfrac{1}{4} - \dfrac{3}{5}$　帯分数を仮分数に
　　　　　　　　　　なおす

$= \dfrac{5}{4} - \dfrac{3}{5}$

　　　　　　　　　分母を 4 と 5 の
$= \dfrac{5 \times 5}{4 \times 5} - \dfrac{3 \times 4}{5 \times 4}$　最小公倍数の20
　　　　　　　　　にする

$= \dfrac{25}{20} - \dfrac{12}{20}$

$= \dfrac{13}{20}$ (m)

⑦

解答

(25) 40%　　(26) 300円

解説

(25) もとにする量

　　…1か月のおこづかい(1200円)

　　比べる量

　　…本のねだん(480円)

　　求めるものは割合だから,

　　$\underset{\text{比べる量}}{480}÷\underset{\substack{\text{もとに}\\\text{する量}}}{1200}=0.4$

　　百分率(%)で表すと,

　　　0.4×100＝40(%)

割合＝比べる量÷もとにする量

割合を表す小数	1	0.1	0.01	0.001
百分率(%)	100	10	1	0.1

(26) もとにする量

　　…1か月のおこづかい(1200円)

　　比べる量…文ぼう具のねだん

　　割合…25%(0.25)

　　求めるものは比べる量だから,

　　$\underset{\substack{\text{もとに}\\\text{する量}}}{1200}×\underset{\text{割合}}{0.25}=300(円)$

比べる量＝もとにする量×割合

⑧

解答

(27) 辺HE　　(28) 角C

解説

　　四角形EFGHは, うら返してみると四角形ABCDに重なります。

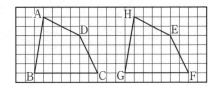

(27)　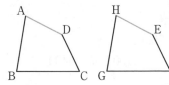

　　辺ADに対応する辺は辺HEです。

合同な図形では, 対応する辺の長さは等しいです。

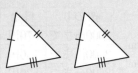

⑵⑻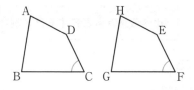

角Fに対応する角は角Cです。

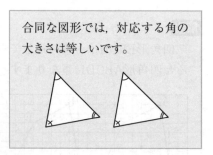
9

解答

⑵⑼　990円

⑶⑽　ア　4100，イ　4400

解説

⑵⑼　料金は，はじめの2000mまでは
670円，2000mをこえると，300m
ごとに80円加算されます。道のり
と料金の関係を表にします。

	道のり	料金	
+300m	2000mまで	670円	+80円
+300m	2300mまで	750円	+80円
+300m	2600mまで	830円	+80円
+300m	2900mまで	910円	+80円
	3200mまで	990円	

3000mの料金は，990円です。

⑶⑽　料金が1310円になるまでの道の
りと料金の関係を表にします。

	道のり	料金	
+300m	2000mまで	670円	+80円
+300m	2300mまで	750円	+80円
+300m	2600mまで	830円	+80円
+300m	2900mまで	910円	+80円
+300m	3200mまで	990円	+80円
+300m	3500mまで	1070円	+80円
+300m	3800mまで	1150円	+80円
+300m	4100mまで	1230円	+80円
+300m	4400mまで	1310円	+80円

料金が1310円になるのは，道の
りが4100mより長く，4400m以下
のときです。

別の解き方1

料金が1310円のとき，道のりが
2000mをこえてから加算される料
金は，

1310－670＝640（円）

1回につき80円加算されるから，
加算される回数は，

640÷80＝8（回）

8回加算されて走れる最大の道
のりは，

2000＋300×8＝4400（m）

同じ料金で走れるのは300mだ
から，

4400－300＝4100（m）

料金が1310円になるのは，道の
りが4100mより長く，4400m以下
のときです。

別の解き方2

　道のりと料金の関係をグラフに表します。

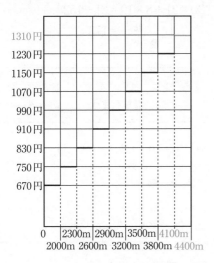

　このグラフを見ると，たとえば，道のりが，2300mより長く2600m以下のとき，料金は変わらず830円とわかります。

　料金が1310円になるのは，道のりが4100mより長く、4400m以下のときです。

1

解答

(1) 12 (2) 28

(3) 173 (4) 3

(5) 8.46 (6) 3.53

(7) 14.04 (8) 2.9

(9) $\dfrac{7}{8}$ (10) $1\dfrac{14}{15}\left(\dfrac{29}{15}\right)$

(11) $1\dfrac{26}{45}\left(\dfrac{71}{45}\right)$ (12) $1\dfrac{1}{28}\left(\dfrac{29}{28}\right)$

解説

(1) 筆算で計算します。

$$\begin{array}{r} 1\,2 \\ 7\,)\overline{8\,4} \\ \underline{7} \quad\leftarrow 7\times1 \\ 1\,4 \\ \underline{1\,4} \quad\leftarrow 7\times2 \\ 0 \end{array}$$

> わり算の筆算は，大きい位から，
> たてる→かける→ひく→おろす
> の順で計算します。

(2) 筆算で計算します。

$$\begin{array}{r} 2\,8 \\ 2\,6\,)\overline{7\,2\,8} \\ \underline{5\,2} \quad\leftarrow 26\times2 \\ 2\,0\,8 \\ \underline{2\,0\,8} \quad\leftarrow 26\times8 \\ 0 \end{array}$$

(3) $21 + 8 \times 19 = 21 + 152$
    $= 173$

> ×，÷ → ＋，－
> の順に計算します。

(4) $69 \div (3 + 20) = 69 \div 23$
    $= 3$

> （ ）の中を先に計算します。

(5) 筆算で計算します。

$$\begin{array}{r} \overset{1}{}\overset{1}{4}.5\,9 \\ +\;3.8\,7 \\ \hline 8.4\,6 \end{array}$$
←位をそろえて書く

← 上の小数点にそろえて，小数点をうつ

> 小数のたし算・ひき算の筆算は，
> 位をそろえて書き，整数のたし
> 算・ひき算と同じように計算し
> ます。
> 答えの小数点は，上の小数点に
> そろえてうちます。

(6) 筆算で計算します。

$$\begin{array}{r} {}^{6}{}^{9} \\ 7.\cancel{0}1 \\ -3.48 \\ \hline 3.53 \end{array}$$

← 位をそろえて書く

← 上の小数点にそろえて，小数点をうつ

(7) 筆算で計算します。

$$\begin{array}{r} 5.② \\ \times2.⑦ \\ \hline 364 \\ 104 \\ \hline 14.⓪④ \end{array}$$

← 小数点より下のけた数 1

← 小数点より下のけた数 1

← 小数点より下のけた数の和 1+1=2

> 小数のかけ算の筆算は，右側にそろえて書き，整数のかけ算と同じように計算します。
>
> 積の小数点は，小数点より下のけた数が，かけられる数とかける数の小数点より下のけた数の和と同じになるようにうちます。

(8) 筆算で計算します。

$$\begin{array}{r} 2.9 \\ 3\,\llap{\diagdown}1\,)\overline{8\,9.9} \\ \underline{62} \\ 279 \\ \underline{279} \\ 0 \end{array}$$

10倍　10倍

小数点の位置を右に1つずらす

89.9÷31の計算をする

> 小数のわり算の筆算は，わる数とわられる数の小数点を同じ数だけ右に移し，わる数を整数になおして計算します。
>
> 商の小数点は，わられる数の移した小数点にそろえてうちます。

(9)
$$\frac{1}{2} + \frac{3}{8}$$

分母を2と8の最小公倍数の8にする

$$= \frac{1 \times 4}{2 \times 4} + \frac{3}{8}$$

$$= \frac{4}{8} + \frac{3}{8}$$

$$= \frac{7}{8}$$

> 分母のちがう分数のたし算・ひき算は，通分して（分母が同じ分数になおして）計算します。

(10)
$$2\frac{5}{6} - \frac{9}{10}$$

帯分数を仮分数になおす

$$= \frac{17}{6} - \frac{9}{10}$$

分母を6と10の最小公倍数の30にする

$$= \frac{17 \times 5}{6 \times 5} - \frac{9 \times 3}{10 \times 3}$$

$$= \frac{85}{30} - \frac{27}{30}$$

$$= \frac{58}{30}$$

約分する

$$= \frac{29}{15}$$

$$= 1\frac{14}{15}$$

(11)
$$\frac{1}{9}+\frac{2}{3}+\frac{4}{5}$$
$$=\frac{1\times5}{9\times5}+\frac{2\times15}{3\times15}+\frac{4\times9}{5\times9}$$
$$=\frac{5}{45}+\frac{30}{45}+\frac{36}{45}$$
$$=\frac{71}{45}$$
$$=1\frac{26}{45}$$

> 分母を9と3と5の最小公倍数の45にする

(12)
$$1\frac{1}{2}+\frac{2}{7}-\frac{3}{4}$$
$$=\frac{3}{2}+\frac{2}{7}-\frac{3}{4}$$
$$=\frac{3\times14}{2\times14}+\frac{2\times4}{7\times4}-\frac{3\times7}{4\times7}$$
$$=\frac{42}{28}+\frac{8}{28}-\frac{21}{28}$$
$$=\frac{29}{28}$$
$$=1\frac{1}{28}$$

> 帯分数を仮分数になおす

> 分母を2と7と4の最小公倍数の28にする

2

解答

(13) 480（個）　　(14) 0.46

(15) 29.3

解説

(13) 位をそろえて書くと，個数がわかります。

80億は1億を80個，400億は1億を400個集めた数です。

	億							万							
千	百	十	一	千	百	十	一	千	百	十	一	千	百	十	一
	4	8	0	0	0	0	0	0	0	0	0	0	0	0	0
			1	0	0	0	0	0	0	0	0	0	0	0	0

(14) 0.1が4個で0.4，0.01が6個で0.06，合わせて0.46です。

(15) 100倍すると，小数点が右に2けた移ります。

0、2 9．3

> 小数を10倍, 100倍, 1000倍すると, 小数点は, それぞれ右に1けた, 2けた, 3けた移ります。

3

解答

(16) 6倍　　(17) 34円

解説

(16) 筆箱のねだんが消しゴムのねだんの□倍であるとします。
（消しゴムのねだん）×□
＝（筆箱のねだん）
だから，
　　□＝（筆箱のねだん）
　　　　÷（消しゴムのねだん）
　　＝510÷85
　　＝6

```
        6
85 ) 5 1 0
     5 1 0   ←85×6
         0
```

⑴ （えん筆のねだん）
= （筆箱のねだん）÷15
= 510÷15
= 34（円）

```
      3 4
15 ) 5 1 0
     4 5      ←15×3
     6 0
     6 0      ←15×4
       0
```

4

解答

⒅　8　　⒆　○＋□＝20

解説

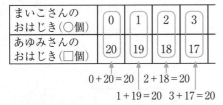

まいこさんの おはじき（○個）	0	1	2	3
あゆみさんの おはじき（□個）	20	19	18	17

0+20=20　　2+18=20
　1+19=20　　3+17=20

⒅　表より，まいこさんのおはじき
　の数とあゆみさんのおはじきの数
　をたすと，いつでも20個になるか
　ら，
　　　　12＋⑦＝20
　　　　　　⑦＝20－12
　　　　　　⑦＝8

⒆　○個と□個をたすと，いつでも
　20個になるから，
　　　　○＋□＝20

5

解答

⒇　点カ

㉑　（横 6 cm，たて 7 cm）

解説

⒇　点アから
　　　横 4 cm → 右に 4 めもり
　　　たて 5 cm → 上に 5 めもり
　　進んだ位置にある点は，点カです。

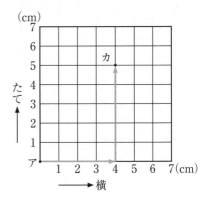

(21) 点クは，点アから右に６めもり，上に７めもり進んだ位置にあるから，

（横６cm，たて７cm）

と表すことができます。

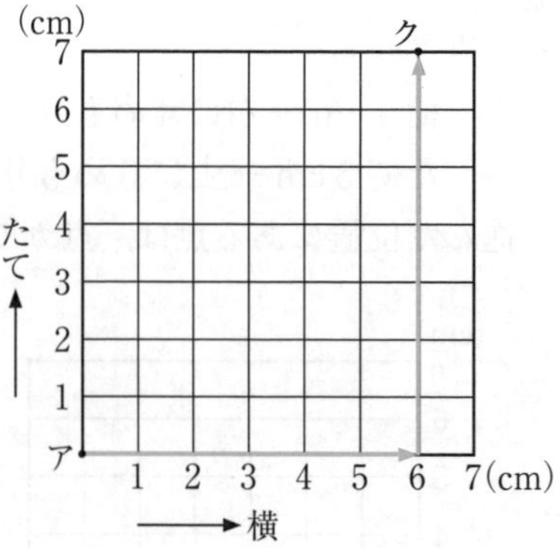
(cm)
ク
7
6
5
4
3
2
1
ア
たて
1 2 3 4 5 6 7(cm)
横

6

解答

(22) 4.8m

(23) $82.8 \div 7.2 = 11.5$

（答え） 11.5m

(24) 289.8m^2

解説

(22) スイセンの花だんのたての長さは２m，横の長さはたての長さの2.4倍だから，

$2 \times 2.4 = 4.8$(m)

(23) ツバキの花だんは，たての長さが7.2m，面積が82.8m^2だから，横の長さを□mとすると，

$7.2 \times □ = 82.8$

$□ = 82.8 \div 7.2$

$□ = 11.5$

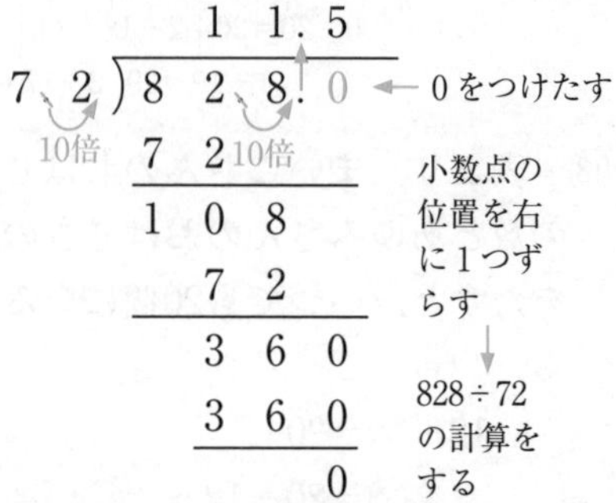
1 1 . 5
7 2) 8 2 8 . 0
0をつけたす
10倍
10倍
7 2
1 0 8
7 2
3 6 0
3 6 0
0
小数点の位置を右に１つずらす
828÷72の計算をする

長方形の面積＝たて×横

⑷ 公園全体の面積は，ツバキの花
だんの面積の3.5倍だから，

$$82.8 \times 3.5 = 289.8 \,(\text{m}^2)$$

```
              8 2 . ⑧  ← 小数点より下の
          ×     3 . ⑤  ← けた数 1
          ─────────── ← けた数 1
          4 1 4 0
        2 4 8 4
        ───────────
        2 8 9 . ⑧ ⓪  ← 小数点より下の
                        けた数の和
                        1+1=2
```

7

解答

㉕　24%　　㉖　42万円

解説

㉕　グラフの中のアクセサリーの目
　もりをよむと，

$$52 - 28 = 24\,(\%)$$

食器	アクセサリー	文ぼう具	バッグ	その他

0 10 20 30 40 50 60 70 80 90 100 %

28%　　24%　　16%　14%　　18%

㉖　もとにする量

　　…売り上げた金額の合計

　　（150万円）

　　比べる量

　　…食器で売り上げた金額

　　割合…28%（0.28）

　　求めるものは比べる量だから，

　　<u>150万</u> × <u>0.28</u> = 42万（円）
　　　↑　　　　↑
　　もとに　　割合
　　する量

┌─────────────────────────────┐
│ 比べる量＝もとにする量×割合 │
└─────────────────────────────┘

割合を表す小数	1	0.1	0.01	0.001
百分率（%）	100	10	1	0.1

8

【解答】

⑵⁷ 37.68cm ⑵⁸ 20.56cm

【解説】

⑵⁷ 半径が6cmの円で，円周率が3.14だから，円周の長さは，

$6 \times 2 \times 3.14 = 37.68$（cm）

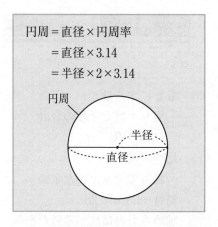

円周＝直径×円周率
  ＝直径×3.14
  ＝半径×2×3.14

円周

半径

直径

⑵⁸ 円周の半分の長さと，直径の長さをたします。半径が4cmの円で，円周率が3.14だから，円周の半分の長さは，

$4 \times 2 \times 3.14 \div 2 = 12.56$（cm）

円周の半分の長さに直径をたせばよいから，

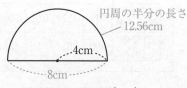

円周の半分の長さ
12.56cm

4cm

8cm

$12.56 + 8 = 20.56$（cm）

9

【解答】

⑵⁹ 9 ⑶⁰ 4

【解説】

⑵⁹

| あ | ＋ | い | ＝ | 17 |

＋ ＋

| う | ＋ | え | ＋ | お | ＝ | 18 |

＝ ＋

16 | か |

＝

18

上の図より，

あ＋い＝17 …①

あ＋う＝16 …②

①，②の2つの式のあ，い，うにあてはまる数を考えます。

あからかは，4から9までの整数で，同じ数は1回しか使えないから，①は，

$8 + 9 = 17$，$9 + 8 = 17$

のどちらかです。また，②の式は

$7 + 9 = 16$，$9 + 7 = 16$

のどちらかです。

①，②の式のどちらにも使われている数は9だから，

①の式は $9 + 8 = 17$

②の式は $9 + 7 = 16$

あは9，いは8，うは7です。

(30)

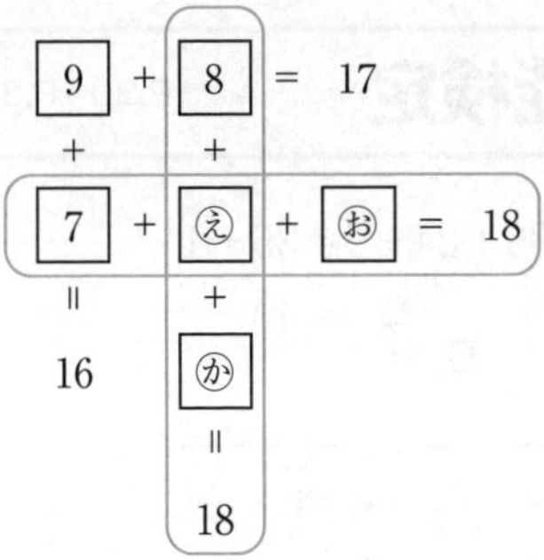

$$9 + 8 = 17$$

| 9 | $+$ | 8 | $=$ | 17 |

```
 9  +  8  =  17
 +     +
 7  + え + お =  18
 ‖     +
16     か
       ‖
       18
```

上の図より，

$7 +$ え $+$ お $= 18$ ⋯③

$8 +$ え $+$ か $= 18$ ⋯④

③，④の 2 つの式のえ，お，か
にあてはまる数を考えます。

③の式より，

え $+$ お $= 11$ ⋯⑤

④の式より，

え $+$ か $= 10$ ⋯⑥

え，お，かは，4，5，6 のどれ
かだから，⑤の式は，

$5 + 6 = 11$，$6 + 5 = 11$

のどちらかです。また，⑥の式は，

$4 + 6 = 10$，$6 + 4 = 10$

のどちらかです。

⑤，⑥の式のどちらにも使われ
ている数は 6 だから，

⑤の式は　$6 + 5 = 11$

⑥の式は　$6 + 4 = 10$

えは 6，おは 5，かは 4 です。

1

解答

(1) 12　　(2) 24

(3) 40　　(4) 5

(5) 6.57　(6) 1.47

(7) 15.96　(8) 9.5

(9) $\dfrac{11}{14}$　(10) $\dfrac{7}{12}$

(11) $\dfrac{23}{24}$　(12) $2\dfrac{2}{5}\left(\dfrac{12}{5}\right)$

解説

(1) 筆算で計算します。

```
   1 2
8 ) 9 6
   8      ←8×1
  ─────
   1 6
   1 6    ←8×2
  ─────
     0
```

> わり算の筆算は，大きい位から，たてる→かける→ひく→おろすの順で計算します。

(2) 筆算で計算します。

```
    2 4
35 ) 8 4 0
    7 0      ←35×2
   ──────
    1 4 0
    1 4 0    ←35×4
   ──────
        0
```

(3) $36+24\div6=36+4$
$\qquad =40$

> ×，÷ → ＋，－
> の順に計算します。

(4) $20-(7-4)\times5$
$=20-3\times5$
$=20-15$
$=5$

> （ ）の中を先に計算します。

(5) 筆算で計算します。

```
   3 . 6 2   ←位をそろえて書く
 + 2 . 9 5
 ─────────
   6 . 5 7
```
← 上の小数点にそろえて，小数点をうつ

> 小数のたし算・ひき算の筆算は，位をそろえて書き，整数のたし算・ひき算と同じように計算します。
> 答えの小数点は，上の小数点にそろえてうちます。

(6) 筆算で計算します。

$$
\begin{array}{r}
8.\overset{7}{\cancel{4}}\overset{3}{0} \\
-\ 6.9\ 3 \\
\hline
1.4\ 7
\end{array}
$$

←位をそろえて書く

←上の小数点にそろえて，小数点をうつ

(7) 筆算で計算します。

$$
\begin{array}{r}
5.\textcircled{7} \\
\times\ 2.\textcircled{8} \\
\hline
4\ 5\ 6 \\
1\ 1\ 4\ \ \ \\
\hline
1\ 5.\textcircled{9}\textcircled{6}
\end{array}
$$

←小数点より下のけた数 1

←小数点より下のけた数 1

←小数点より下のけた数の和 1+1=2

> 小数のかけ算の筆算は，右側にそろえて書き，整数のかけ算と同じように計算します。
> 積の小数点は，小数点より下のけた数が，かけられる数とかける数の小数点より下のけた数の和と同じになるようにうちます。

(8) 筆算で計算します。

$$
\begin{array}{r}
9.5\ \ \ \ \\
6,4\ )\overline{6\ 0\ 8.0} \\
5\ 7\ 6\ \ \ \ \\
\hline
3\ 2\ 0 \\
3\ 2\ 0 \\
\hline
0
\end{array}
$$

10倍 ··· 10倍

←0をつけたす

小数点の位置を右に1つずらす

$608 \div 64$ の計算をする

> 小数のわり算の筆算は，わる数とわられる数の小数点を同じ数だけ右に移し，わる数を整数になおして計算します。
> 商の小数点は，わられる数の移した小数点にそろえてうちます。

(9)

$$\frac{1}{2}+\frac{2}{7}$$

$$=\frac{1\times7}{2\times7}+\frac{2\times2}{7\times2}$$

分母を2と7の最小公倍数の14にする

$$=\frac{7}{14}+\frac{4}{14}$$

$$=\frac{11}{14}$$

> 分母のちがう分数のたし算・ひき算は，通分して（分母が同じ分数になおして）計算します。

(10) $1\dfrac{1}{4} - \dfrac{2}{3}$

帯分数を仮分数になおす

$= \dfrac{5}{4} - \dfrac{2}{3}$

分母を4と3の最小公倍数の12にする

$= \dfrac{5 \times 3}{4 \times 3} - \dfrac{2 \times 4}{3 \times 4}$

$= \dfrac{15}{12} - \dfrac{8}{12}$

$= \dfrac{7}{12}$

(11) $\dfrac{1}{6} + \dfrac{3}{8} + \dfrac{5}{12}$

分母を6と8と12の最小公倍数の24にする

$= \dfrac{1 \times 4}{6 \times 4} + \dfrac{3 \times 3}{8 \times 3} + \dfrac{5 \times 2}{12 \times 2}$

$= \dfrac{4}{24} + \dfrac{9}{24} + \dfrac{10}{24}$

$= \dfrac{23}{24}$

(12) $4\dfrac{7}{10} - 2\dfrac{5}{6} + \dfrac{8}{15}$

帯分数を仮分数になおす

$= \dfrac{47}{10} - \dfrac{17}{6} + \dfrac{8}{15}$

分母を10と6と15の最小公倍数の30にする

$= \dfrac{47 \times 3}{10 \times 3} - \dfrac{17 \times 5}{6 \times 5} + \dfrac{8 \times 2}{15 \times 2}$

$= \dfrac{141}{30} - \dfrac{85}{30} + \dfrac{16}{30}$

$= \dfrac{72}{30}$

約分する

$= \dfrac{12}{5}$

$= 2\dfrac{2}{5}$

2

解答

(13)　24（個）　　　(14)　0.72

(15)　860

解説

(13)　位をそろえて書くと，個数がわかります。

　　4億は1億を4個，20億は1億を20個集めた数です。

	億				万						
千	百	十	一	千	百	十	一	千	百	十	一
		2	4	0	0	0	0	0	0	0	0
			1	0	0	0	0	0	0	0	0

(14)　0.1が7個で0.7，0.01が2個で0.02，合わせて0.72です。

(15)　1000倍すると，小数点が右に3けた移ります。

　　0.860.

小数を10倍，100倍，1000倍すると，小数点は，それぞれ右に1けた，2けた，3けた移ります。

③

⒃　8個

⒄　ふくろ　17，あまり　3個

解説

⒃　あめ224個を28人に分けるから，
　　　$224 \div 28 = 8$（個）

$$\begin{array}{r} 8 \\ 28\,\overline{\big)\,224} \\ \underline{224} \quad \leftarrow 28 \times 8 \\ 0 \end{array}$$

⒄　あめ224個を13個ずつふくろに入れるから，
　　　$224 \div 13 = 17$あまり3（個）

$$\begin{array}{r} 17 \\ 13\,\overline{\big)\,224} \\ \underline{13} \quad \leftarrow 13 \times 1 \\ 94 \\ \underline{91} \quad \leftarrow 13 \times 7 \\ 3 \quad \leftarrow \text{あまり} \end{array}$$

④

⒅　10人　　⒆　14人

解説

⒅　表の▓▓▓のらんの数が，クッキーとりんごジュースを選んだ人数です。

| | | ジュース | | 合計 |
		りんご	オレンジ	
おかし	クッキー	10	7	
	チョコレート	8		15
合計				32

⒆　オレンジジュースを選んだ人数の合計は，表のあです。7とⒾをたして求めます。

| | | ジュース | | 合計 |
		りんご	オレンジ	
おかし	クッキー	10	7	
	チョコレート	8	ⓘ	15
合計			あ	32

　　まず，チョコレートとオレンジジュースを選んだ人数ⓘを求めます。

| | | ジュース | | 合計 |
		りんご	オレンジ	
おかし	クッキー	10	7	
	チョコレート	8	ⓘ	15
合計			あ	32

　　8とⓘをたすと15だから，ⓘは，
　　　$15 - 8 = 7$（人）
　　7とⓘをたすとあだから，あは
　　　$7 + 7 = 14$（人）

		ジュース		合計
		りんご	オレンジ	
おかし	クッキー	10	7	
	チョコレート	8	7	15
	合計		14	32

別の解き方

表の⑤にあてはまる数を求めます。

		ジュース		合計
		りんご	オレンジ	
おかし	クッキー	10	7	
	チョコレート	8		15
	合計	⑤	あ	32

⑤はりんごジュースを選んだ人数の合計だから，

$$10+8=18（人）$$

		ジュース		合計
		りんご	オレンジ	
おかし	クッキー	10	7	
	チョコレート	8		15
	合計	18	あ	32

18とあをたすと32だから，あは，

$$32-18=14（人）$$

5

解答

(20) $16cm^2$ 　　(21) $140cm^2$

解説

(20) 1辺の長さが4cmの正方形だから，面積は，

$$4×4=16（cm^2）$$

> 正方形の面積＝1辺×1辺

(21) 左と右の2つの長方形に分けて考えます。

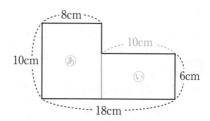

あは，たてが10cm，横が8cmの長方形だから，面積は，

$$10×8=80（cm^2）$$

いは，たてが6cm，横が10cmの長方形だから，面積は，

$$6×10=60（cm^2）$$

よって，求める面積は，

$$80+60=140（cm^2）$$

> 長方形の面積＝たて×横

別の解き方1

上と下の2つの長方形に分けて考えます。

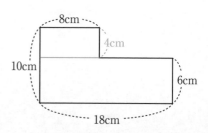

$$4×8+6×18=140（cm^2）$$

別の解き方2

　大きい長方形から，小さい長方形をとった形と考えます。

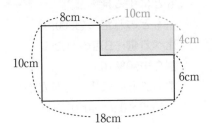

大きい長方形の面積は，
　　$10 \times 18 = 180 (\text{cm}^2)$
小さい長方形の面積は，
　　$4 \times 10 = 40 (\text{cm}^2)$
よって，求める面積は，
　　$180 - 40 = 140 (\text{cm}^2)$

解答

(22)　54321　　(23)　12354

解説

(22)　いちばん大きい数をつくるときは，上の位から順に大きい数を選びます。

一万の位	千の位	百の位	十の位	一の位
5	4	3	2	1

　54321は，一の位の数が1なので奇数です。
　いちばん大きい奇数は54321です。

(23)　いちばん小さい数をつくるときは，上の位から順に小さい数を選びます。

一万の位	千の位	百の位	十の位	一の位
1	2	3	4	5

　一の位の数を偶数にするために，4と5を入れかえます。

1	2	3	5	4

　いちばん小さい偶数は12354です。

7

解答

⑵⑷ $3600 \div 4500 \times 100 = 80$

（答え）　80％

⑵⑸ A店が450円安い

解説

⑵⑷ もとにする量

…もとのねだん（4500円）

比べる量

…A店のねだん（3600円）

求めるものは割合だから，

$\underline{3600} \div \underline{4500} = 0.8$

　　↑　　　↑

比べる量　もとに

　　　　　する量

百分率（％）で表すと，

$0.8 \times 100 = 80（％）$

割合＝比べる量÷もとにする量

割合を 表す小数	1	0.1	0.01	0.001
百分率 （％）	100	10	1	0.1

⑵⑸ はじめに，B店のねだんを求めます。B店では10％引きだから，もとのねだんの90％です。

もとにする量

…もとのねだん（4500円）

比べる量…B店のねだん

割合…90％（0.9）

求めるものは比べる量だから，

$\underline{4500} \times \underline{0.9} = 4050（円）$

　↑　　　↑

もとに　割合

する量

A店のねだんは3600円だから，

$4050 - 3600 = 450（円）$

A店が450円安いとわかります。

比べる量＝もとにする量×割合

8

解答

⑵⑹ 48cm　　⑵⑺ 60°

⑵⑻ 120°

解説

⑵⑹ 正六角形の1辺の長さが8cmだから，

$8 \times 6 = 48（cm）$

正多角形は，辺の長さがすべて等しく，角の大きさもすべて等しいです。

⑵

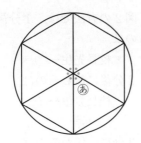

あは円の中心のまわり360°を6等分したときの1つの角だから，その大きさは，

$$360° \div 6 = 60°$$

⑵

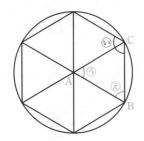

⑵よりⓊの角の大きさは60°で，三角形ABCは二等辺三角形だから，ⓔの角の大きさは，

$$(180° - 60°) \div 2 = 60°$$

Ⓘの角の大きさは，ⓔの角の大きさ2つ分だから，

$$60° \times 2 = 120°$$

9

解答

⑵　4分

⑵　図2の方法が1分速い

解説

⑵　かかる時間を図に表します。

1分後に伝わるのは，

・校長先生→ア

の1人だけです。

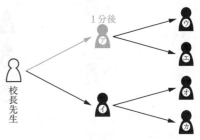

2分後に伝わるのは，

・校長先生→イ

・ア→ウ

の2人です。

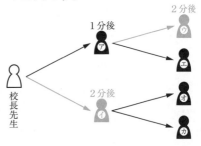

3分後に伝わるのは，

・ア→エ

・イ→オ

の2人です。

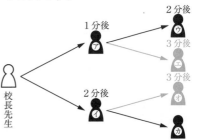

4分後に伝わるのは，

・㋑→㋕

の1人です。

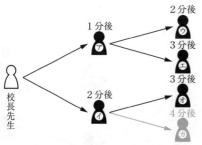

　これで全員に伝わります。かかる時間は4分です。

⑶0　図2の方法では，1分後に伝わるのは，

・校長先生→㋐

　2分後に伝わるのは，

・校長先生→㋑

・㋐→㋒

　3分後に伝わるのは，

・校長先生→㋒

・㋐→㋔

・㋑→㋕

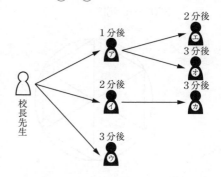

　これで全員に伝わります。かかる時間は3分です。

　⑵9より，図1の方法でかかる時間は4分だから，図2の方法が1分速いです。

1

解答

(1) 23　　　(2) 9

(3) 254　　(4) 5

(5) 14.17　(6) 3.64

(7) 61.5　(8) 73

(9) $1\frac{7}{12}\left(\frac{19}{12}\right)$　(10) $\frac{1}{3}$

(11) $1\frac{3}{4}\left(\frac{7}{4}\right)$　(12) $\frac{8}{15}$

解説

(1) 筆算で計算します。

```
    2 3
4 ) 9 2
    8      ←4×2
    1 2
    1 2    ←4×3
      0
```

> わり算の筆算は，大きい位から，
> たてる→かける→ひく→おろす
> の順で計算します。

(2) 筆算で計算します。

```
        9
7 2 ) 6 4 8
      6 4 8   ←72×9
          0
```

(3) $256 - 16 \div 8 = 256 - 2$

$= 254$

> $\times, \div \rightarrow +, -$
> の順に計算します。

(4) $200 \div (10 + 15 \times 2)$

$= 200 \div (10 + 30)$

$= 200 \div 40$

$= 5$

> ( )の中を先に計算します。

(5) 筆算で計算します。

```
    5 . 7 1   ←位をそろえて書く
+   8 . 4 6
  1 4 . 1 7
```

←上の小数点にそろえて，
　小数点をうつ

> 小数のたし算・ひき算の筆算は，
> 位をそろえて書き，整数のたし
> 算・ひき算と同じように計算し
> ます。
> 答えの小数点は，上の小数点に
> そろえてうちます。

(6) 筆算で計算します。

$$
\begin{array}{r}
{\scriptstyle 8}\;{\scriptstyle 9} \\
9.\cancel{0}\;\cancel{0} \\
-\;5.3\;6 \\
\hline
3.6\;4
\end{array}
$$

← 位をそろえて書く

── 上の小数点にそろえて，小数点をうつ

(7) 筆算で計算します。

$$
\begin{array}{r}
8.②\\
\times\;7.⑤\\
\hline
4\;1\;0\\
5\;7\;4\\
\hline
6\;1.⑤\;⓪
\end{array}
$$

← 小数点より下のけた数 1

← 小数点より下のけた数 1

← 小数点より下のけた数の和　1+1=2

> 小数のかけ算の筆算は，右側にそろえて書き，整数のかけ算と同じように計算します。
> 積の小数点は，小数点より下のけた数が，かけられる数とかける数の小数点より下のけた数の和と同じになるようにうちます。

(8) 筆算で計算します。

$$
\begin{array}{r}
7\;3\\
1.3\,)\overline{\,9\;4.9\,}\\
9\;1\\
\hline
3\;9\\
3\;9\\
\hline
0
\end{array}
$$

10倍　10倍

小数点の位置を右に1つずらす

↓

949÷13
の計算をする

> 小数のわり算の筆算は，わる数とわられる数の小数点を同じ数だけ右に移し，わる数を整数になおして計算します。
> 商の小数点は，わられる数の移した小数点にそろえてうちます。

(9)

$$
\frac{3}{4}+\frac{5}{6}
$$

分母を4と6の最小公倍数の12にする

$$
=\frac{3\times3}{4\times3}+\frac{5\times2}{6\times2}
$$

$$
=\frac{9}{12}+\frac{10}{12}
$$

$$
=\frac{19}{12}
$$

$$
=1\frac{7}{12}
$$

> 分母のちがう分数のたし算・ひき算は，通分して(分母が同じ分数になおして)計算します。

(10) $1\dfrac{5}{24}-\dfrac{7}{8}$ 　　帯分数を仮分数になおす

$=\dfrac{29}{24}-\dfrac{7}{8}$

　　　　　　　　分母を24と8の最小公倍数の24にする

$=\dfrac{29}{24}-\dfrac{7\times3}{8\times3}$

$=\dfrac{29}{24}-\dfrac{21}{24}$

$=\dfrac{8}{24}$ 　　約分する

$=\dfrac{1}{3}$

(11) $\dfrac{3}{5}+\dfrac{9}{10}+\dfrac{1}{4}$

　　　　　　　　分母を5と10と4の最小公倍数の20にする

$=\dfrac{3\times4}{5\times4}+\dfrac{9\times2}{10\times2}+\dfrac{1\times5}{4\times5}$

$=\dfrac{12}{20}+\dfrac{18}{20}+\dfrac{5}{20}$

$=\dfrac{35}{20}$ 　　約分する

$=\dfrac{7}{4}$

$=1\dfrac{3}{4}$

(12) $1\dfrac{1}{15}-\dfrac{5}{6}+\dfrac{3}{10}$ 　　帯分数を仮分数になおす

$=\dfrac{16}{15}-\dfrac{5}{6}+\dfrac{3}{10}$

　　　　　　　　分母を15と6と10の最小公倍数の30にする

$=\dfrac{16\times2}{15\times2}-\dfrac{5\times5}{6\times5}+\dfrac{3\times3}{10\times3}$

$=\dfrac{32}{30}-\dfrac{25}{30}+\dfrac{9}{30}$

$=\dfrac{16}{30}$ 　　約分する

$=\dfrac{8}{15}$

2

解答

(13)　12（個）　　　　(14)　0.97

(15)　0.508

解説

(13)　位をそろえて書くと，個数がわかります。

　　2000万は1000万を2個，1億は1000万を10個集めた数です。

	億				万						
千	百	十	一	千	百	十	一	千	百	十	一
			1	2	0	0	0	0	0	0	0
				1	0	0	0	0	0	0	0

(14)　0.1が9個で0.9，0.01が7個で0.07，合わせて0.97です。

(15)　$\dfrac{1}{100}$にすると，小数点が左に2けた移ります。

　　　0.5　0.8

小数を$\dfrac{1}{10}$，$\dfrac{1}{100}$，$\dfrac{1}{1000}$にすると，小数点は，それぞれ左に1けた，2けた，3けた移ります。

3

解答

⒃　14人

⒄　1人分　8本，あまり　6本

解説

⒃　えんぴつ126本を9本ずつ分けるから，

$$126 \div 9 = 14(人)$$

```
     1 4
  9 ) 1 2 6
      9        ←9×1
      3 6
      3 6      ←9×4
        0
```

⒄　えんぴつ126本を15人に分けるから，

$$126 \div 15 = 8(本)あまり6(本)$$

```
        8
  1 5 ) 1 2 6
      1 2 0    ←15×8
          6    ←あまり
```

4

解答

⒅　2　　⒆　9

解説

⒅　⑱は，犬を飼っていなくて，ねこを飼っている人の人数です。

		ねこ		合計
		飼っている	飼っていない	
犬	飼っている			ⓘ
	飼っていない	→ⓐ	↓	
	合計			15

出席番号	1	2	3	4	5	6	7	8	9	10	11	12	13	14	15
犬	○	×	○	○	×	×	○	○	×	×	○	○	×	○	○
ねこ	×	×	○	×	○	×	×	○	×	×	×	×	○	×	×

　表1から，出席番号5と13の2人があてはまるとわかります。

⒆　ⓘは，犬を飼っている人の人数の合計です。

		ねこ		合計
		飼っている	飼っていない	
犬	飼っている			→ⓘ
	飼っていない	ⓐ		
	合計			15

出席番号	1	2	3	4	5	6	7	8	9	10	11	12	13	14	15
犬	○	×	○	○	×	×	○	○	×	×	○	○	×	○	○
ねこ	×	×	○	×	○	×	×	○	×	×	×	×	○	×	×

　表1から9人とわかります。

5

解答

⑳ ③　　㉑ ②

解説

⑳　4点イ，ウ，オ，カを結んで，四角形をかきます。

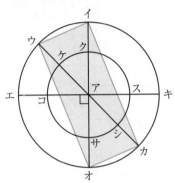

　直線イオ，ウカはこの四角形の対角線です。円の直径だから長さが等しく，円の中心を通ります。

　対角線の長さが等しくそれぞれの真ん中で交わっているから，四角形イウオカは長方形です。

> 長方形は，2本の対角線の長さが等しく，それぞれの真ん中の点で交わります。

㉑　4点ク，エ，サ，キを結んで，四角形をかきます。

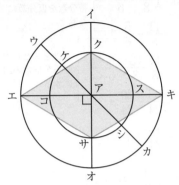

　直線クサ，エキはこの四角形の対角線で，それぞれの真ん中で垂直に交わっているから，四角形クエサキはひし形です。

> ひし形は，2本の対角線がそれぞれの真ん中の点で垂直に交わります。

6

解答

㉒ $\dfrac{13}{24}$ kg　　㉓ $2\dfrac{5}{24}\left(\dfrac{53}{24}\right)$ kg

㉔ $\dfrac{7}{8}$ kg

(22) $1\dfrac{3}{8}-\dfrac{5}{6}$ ── 帯分数を仮分数に なおす

$=\dfrac{11}{8}-\dfrac{5}{6}$

$=\dfrac{11\times3}{8\times3}-\dfrac{5\times4}{6\times4}$ ── 分母を8と6の 最小公倍数の24 にする

$=\dfrac{33}{24}-\dfrac{20}{24}$

$=\dfrac{13}{24}$(kg)

(23) $1\dfrac{3}{8}+\dfrac{5}{6}$ ── 帯分数を仮分数に なおす

$=\dfrac{11}{8}+\dfrac{5}{6}$

$=\dfrac{11\times3}{8\times3}+\dfrac{5\times4}{6\times4}$ ── 分母を8と6の 最小公倍数の24 にする

$=\dfrac{33}{24}+\dfrac{20}{24}$

$=\dfrac{53}{24}$

$=2\dfrac{5}{24}$(kg)

別の解き方

$1\dfrac{3}{8}+\dfrac{5}{6}$

$=1\dfrac{3\times3}{8\times3}+\dfrac{5\times4}{6\times4}$ ── 分母を8と6の 最小公倍数の24 にする

$=1\dfrac{9}{24}+\dfrac{20}{24}$ ── 整数部分と 分数部分に 分ける

$=1+\dfrac{9}{24}+\dfrac{20}{24}$

$=1+\dfrac{29}{24}$

$=1+1\dfrac{5}{24}$

$=2\dfrac{5}{24}$(kg)

(24) (23)より，ケーキとクッキーを作るのに使った小麦粉は，$2\dfrac{5}{24}$(kg) だから，

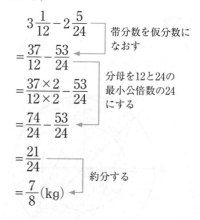

$3\dfrac{1}{12}-2\dfrac{5}{24}$ ── 帯分数を仮分数に なおす

$=\dfrac{37}{12}-\dfrac{53}{24}$

$=\dfrac{37\times2}{12\times2}-\dfrac{53}{24}$ ── 分母を12と24の 最小公倍数の24 にする

$=\dfrac{74}{24}-\dfrac{53}{24}$

$=\dfrac{21}{24}$ ── 約分する

$=\dfrac{7}{8}$(kg)

7

解答

⑵ 15%

⑵ 300000 × 0.2 = 60000

（答え） 60000円

解説

⑵ もとにする量

…生活費（300000円）

比べる量

…食費（45000円）

求めるものは割合だから

$\underset{\substack{\text{比べる量}}}{45000} \div \underset{\substack{\text{もとに}\\\text{する量}}}{300000} = 0.15$

わる数とわられる数の 0 をそれ
ぞれ 3 つ消して，45 ÷ 300 の計算
をします。

百分率（%）で表すと，

0.15 × 100 = 15（%）

割合＝比べる量÷もとにする量

割合を 表す小数	1	0.1	0.01	0.001
百分率 （%）	100	10	1	0.1

⑵ もとにする量

…生活費（300000円）

比べる量…住宅費

割合…20%（0.2）

求めるものは比べる量だから，

$\underset{\substack{\text{もとに}\\\text{する量}}}{300000} \times \underset{\substack{\text{割合}}}{0.2} = 60000 （円）$

比べる量＝もとにする量×割合

8

解答

⑵ 62.8cm ⑵ 10cm

解説

⑵ 直径が20cmの円で，円周率が
3.14だから，円周の長さは，

20 × 3.14 = 62.8（cm）

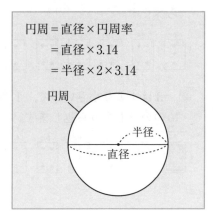

円周＝直径×円周率

＝直径×3.14

＝半径×2×3.14

⑵⁸ 直径を□cmとすると，

$$□ × 3.14 = 31.4$$
$$□ = 31.4 ÷ 3.14$$
$$□ = 10$$

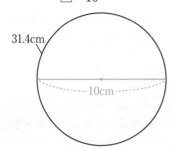

31.4cm

⋯10cm⋯

9

解答

⑵⁹ 10点

⑶⁰ マーク　ハート，数　4

解説

⑵⁹ 【手順】どおりに進めます。

① 6まいのカードを表向きにならべます。

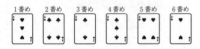

② 3は4より小さいので，1番めのカードをうら返します。

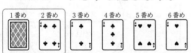

③ 4は2より大きいので，2番めのカードはうら返しません。

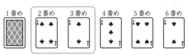

④ 2は3より小さいので，3番めのカードをうら返します。

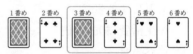

⑤ 3は4より小さいので，4番めのカードをうら返します。

⑥ 4は2より大きいので，5番めのカードはうら返しません。

⑦ 表向きのカードの数をたすと，
$$4 + 4 + 2 = 10(点)$$

(30)　3番め，4番め，5番めのカー
　　ドについて次のことがわかります。

　　・⑧は4より小さい
　　　　→⑧は2か3
　　・⑥は⑧より小さい
　　　　→⑧が2のとき⑥はない
　　　　→⑧は3
　　6番めがハートの3なので，⑧
　はクラブの3です。
　　⑥は，3より小さいから2です。

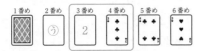

　　2番めと3番めのカードについ
　て，次のことがわかります。

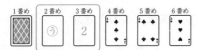

　　・⑤は，2より大きい
　　　　→⑤は3か4
　　3と4のカードのうち，まだ使
　われていないのはハートの4です。

1

解答

(1) 13 　　(2) 14

(3) 25 　　(4) 300

(5) 14.02 　　(6) 3.47

(7) 45.9 　　(8) 8

(9) $1\frac{7}{15}\left(\frac{22}{15}\right)$ 　　(10) $\frac{11}{21}$

(11) $1\frac{1}{2}\left(\frac{3}{2}\right)$ 　　(12) $1\frac{2}{9}\left(\frac{11}{9}\right)$

解説

(1) 筆算で計算します。

$$\begin{array}{r} 1\,3 \\ 7\,\overline{)\,9\,1\,} \\ \underline{7} \leftarrow 7\times1 \\ 2\,1 \\ \underline{2\,1} \leftarrow 7\times3 \\ 0 \end{array}$$

> わり算の筆算は，大きい位から，
> たてる→かける→ひく→おろす
> の順で計算します。

(2) 筆算で計算します。

$$\begin{array}{r} 1\,4 \\ 69\,\overline{)\,9\,6\,6\,} \\ \underline{6\,9} \leftarrow 69\times1 \\ 2\,7\,6 \\ \underline{2\,7\,6} \leftarrow 69\times4 \\ 0 \end{array}$$

(3) $1025 - 125 \times 8 = 1025 - 1000$
$$= 25$$
(❶は 125×8，❷は $1025 - 1000$)

> ×，÷ → ＋，−
> の順に計算します。

(4) $12 \times (30 - 15 \div 3)$
(❶は $15 \div 3$，❷は $30 - 5$，❸は 12×25)

$= 12 \times (30 - 5)$

$= 12 \times 25$

$= 300$

> （ ）の中を先に計算します。

(5) 筆算で計算します。

$$\begin{array}{r} 4.6\,2 \\ +\ 9.4 \\ \hline 1\,4.0\,2 \end{array}$$ ←位をそろえて書く

←上の小数点にそろえて，小数点をうつ

> 小数のたし算・ひき算の筆算は，
> 位をそろえて書き，整数のたし
> 算・ひき算と同じように計算し
> ます。
> 答えの小数点は，上の小数点に
> そろえてうちます。

(6) 筆算で計算します。

$$
\begin{array}{r}
{}^{7}8.{}^{9}\cancel{0}0 \\
-\ 4.53 \\
\hline
3.47
\end{array}
$$

← 位をそろえて書く

← 上の小数点にそろえて,
小数点をうつ

(7) 筆算で計算します。

$$
\begin{array}{r}
5.④ \\
\times\ 8.⑤ \\
\hline
270 \\
432 \\
\hline
45.⑨⓪
\end{array}
$$

← 小数点より下の
けた数 1

← 小数点より下の
けた数 1

← 小数点より下のけた
数の和　1+1=2

> 小数のかけ算の筆算は,右側に
> そろえて書き,整数のかけ算と
> 同じように計算します。
> 積の小数点は,小数点より下の
> けた数が,かけられる数とかけ
> る数の小数点より下のけた数の
> 和と同じになるようにうちます。

(8) 筆算で計算します。

$$
\begin{array}{r}
8 \\
9.4\,)\,\overline{7\,5.2} \\
7\,5\,2 \\
\hline
0
\end{array}
$$

10倍　10倍

小数点の位置を
右に1つずらす

752÷94
の計算をする

> 小数のわり算の筆算は,わる数
> とわられる数の小数点を同じ数
> だけ右に移し,わる数を整数に
> なおして計算します。
> 商の小数点は,わられる数の移
> した小数点にそろえてうちます。

(9) $\dfrac{2}{3}+\dfrac{4}{5}$

$$
= \dfrac{2\times5}{3\times5}+\dfrac{4\times3}{5\times3}
$$

$$
= \dfrac{10}{15}+\dfrac{12}{15}
$$

$$
= \dfrac{22}{15}
$$

$$
= 1\dfrac{7}{15}
$$

分母を3と5の
最小公倍数の15
にする

> 分母のちがう分数のたし算・ひ
> き算は,通分して(分母が同じ
> 分数になおして)計算します。

(10)

$$1\frac{5}{14} - \frac{5}{6}$$

$$= \frac{19}{14} - \frac{5}{6}$$ ← 帯分数を仮分数になおす

$$= \frac{19 \times 3}{14 \times 3} - \frac{5 \times 7}{6 \times 7}$$ ← 分母を14と6の最小公倍数の42にする

$$= \frac{57}{42} - \frac{35}{42}$$

$$= \frac{22}{42}$$

$$= \frac{11}{21}$$ ← 約分する

(11)

$$\frac{11}{24} + \frac{1}{6} + \frac{7}{8}$$ ← 分母を24と6と8の最小公倍数の24にする

$$= \frac{11}{24} + \frac{1 \times 4}{6 \times 4} + \frac{7 \times 3}{8 \times 3}$$

$$= \frac{11}{24} + \frac{4}{24} + \frac{21}{24}$$

$$= \frac{36}{24}$$

$$= \frac{3}{2}$$ ← 約分する

$$= 1\frac{1}{2}$$

(12)

$$1\frac{1}{5} - \frac{4}{9} + \frac{7}{15}$$ ← 帯分数を仮分数になおす

$$= \frac{6}{5} - \frac{4}{9} + \frac{7}{15}$$

$$= \frac{6 \times 9}{5 \times 9} - \frac{4 \times 5}{9 \times 5} + \frac{7 \times 3}{15 \times 3}$$ ← 分母を5と9と15の最小公倍数の45にする

$$= \frac{54}{45} - \frac{20}{45} + \frac{21}{45}$$

$$= \frac{55}{45}$$

$$= \frac{11}{9}$$ ← 約分する

$$= 1\frac{2}{9}$$

2

解答

(13)　980（個）　　(14)　0.63

(15)　71.5

解説

(13)　位をそろえて書くと，個数がわかります。

8億は1000万を80個，90億は1000万を900個集めた数です。

			億				万				
千	百	十	一	千	百	十	一	千	百	十	一
	9	8	0	0	0	0	0	0	0	0	0
				1	0	0	0	0	0	0	0

(14)　0.1が6個で0.6，0.01が3個で0.03，合わせて0.63です。

⑴5 10倍すると，小数点が右に1けた移ります。

$$7\underset{\curvearrowright}{.}1.5$$

> 小数を10倍，100倍，1000倍すると，小数点は，それぞれ右に1けた，2けた，3けた移ります。

3

解答

⑴6 　㋓　　　⑴7　㋕

解説

⑴6 　$(72 \times 4) \times 25 = 72 \times (4 \times 25)$
と工夫しています。
　㋓$(□ \times ○) \times △ = □ \times (○ \times △)$
を使っています。

⑴7 　$(100 - 1) \times 34 = 100 \times 34 - 1 \times 34$
と工夫しています。
　㋕$(□ - ○) \times △$
　　　　$= □ \times △ - ○ \times △$
を使っています。

4

解答

⑴8 　14人　　⑴9　17人

解説

⑴8 　表の　　　　　のらんの数が，オリンピックもパラリンピックも観戦する予定がある人の人数です。

| | | パラリンピック | | 合計 |
		ある	ない	
オリンピック	ある	14	9	
	ない		5	8
合計				

⑴9 　パラリンピックを観戦する予定がある人の人数の合計は，表の㋐です。14と㋑をたして求めます。

| | | パラリンピック | | 合計 |
		ある	ない	
オリンピック	ある	14	9	
	ない	㋑	5	8
合計		㋐		

　まず，パラリンピックを観戦する予定はあるが，オリンピックを観戦する予定がない人の人数㋑を求めます。

| | | パラリンピック | | 合計 |
		ある	ない	
オリンピック	ある	14	9	
	ない	㋑	5	8
合計		㋐		

　㋑と5をたすと8だから，㋑は，
　　$8 - 5 = 3$（人）
　14と㋑をたすと㋐だから，㋐は，
　　$14 + 3 = 17$（人）

| | | パラリンピック | | 合計 |
		ある	ない	
オリンピック	ある	14	9	
	ない	3	5	8
合計		17		

別の解き方

表の⑤，⑥，⑧にあてはまる数を求めます。

		パラリンピック		合計
		ある	ない	
オリンピック	ある	14	9	⑤
	ない		5	8
合計		⑥	⑧	⑥

⑤はオリンピックを観戦する予定がある人の人数の合計だから，

14 + 9 = 23（人）

		パラリンピック		合計
		ある	ない	
オリンピック	ある	14	9	23
	ない		5	8
合計		⑥	⑧	⑥

⑥はクラス全員の人数だから，

23 + 8 = 31（人）

		パラリンピック		合計
		ある	ない	
オリンピック	ある	14	9	23
	ない		5	8
合計		⑥	⑧	31

⑧はパラリンピックを観戦する予定がない人の人数の合計だから，

9 + 5 = 14（人）

⑥と⑧をたすと31だから，⑥は，

31 − 14 = 17（人）

5

解答

⑳ 75°　　㉑ 15°

解説

⑳ 30° + 45° = 75°

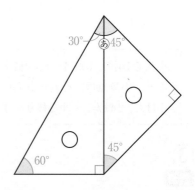

㉑ 60° − 45° = 15°

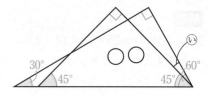

6

解答

㉒ 12個　　㉓ 8個

㉔ 4個

解説

㉒ 1から50までの数のうち，4の倍数は，次の12個です。

4，8，12，16，20，24，
28，32，36，40，44，48

赤い色をぬったボールは12個です。

42

別の解き方

$50 \div 4 = 12$ あまり 2

より，1 から50までの数のうち，4 の倍数は12個だから，赤い色をぬったボールは12個です。

(23) 1 から50までの数のうち，6 の倍数は，次の 8 個です。

6, 12, 18, 24, 30, 36, 42, 48

青いシールをはったボールは 8 個です。

別の解き方

$50 \div 6 = 8$ あまり 2

より，1 から50までの数のうち，6 の倍数は 8 個だから，青いシールをはったボールは 8 個です。

(24) 4 と 6 の公倍数を求めます。

4 の倍数　4, 8, ⑫, 16, 20, ㉔, 28, 32, ㊱, 40, 44, ㊽

6 の倍数　6, ⑫, 18, ㉔, 30, ㊱, 42, ㊽

4 と 6 の公倍数は12, 24, 36, 48の4個だから，赤い色をぬり，青いシールをはったボールは 4 個です。

別の解き方

4 と 6 の最小公倍数は12です。

$50 \div 12 = 4$ あまり 2

より，1 から50までの数のうち，4 と 6 の最小公倍数は4個だから，赤い色をぬり，青いシールをはったボールは 4 個です。

7

（解答）

(25) 70%

(26) $150 \times 0.8 = 120$

（答え）　120人

（解説）

(25) もとにする量…定員（150人）

比べる量…乗車人数（105人）

求めるものは割合だから，

$$\underline{105} \div \underline{150} = 0.7$$

比べる量　もとにする量

百分率で表すから，

$$0.7 \times 100 = 70（\%）$$

割合＝比べる量÷もとにする量

割合を表す小数	1	0.1	0.01	0.001
百分率（%）	100	10	1	0.1

⑯ もとにする量…定員（150人）
比べる量…乗車人数
割合…80%（0.8）
求めるのは比べる量だから，
$\underline{150} \times \underline{0.8} = 120$（人）

もとに　割合
する量

比べる量＝もとにする量×割合

8

解答

⑰　31.4cm　　⑱　30.84cm

解説

⑰　半径が5cmの円で，円周率が
3.14だから，円周の長さは，
$5 \times 2 \times 3.14 = 31.4$（cm）

円周＝直径×円周率
　　＝直径×3.14
　　＝半径×2×3.14

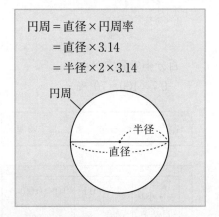

⑱　円周の半分の長さと，直径の長
さをたします。
直径が12cmの円で，円周率が
3.14だから，円周の半分の長さは，
$12 \times 3.14 \div 2 = 18.84$（cm）

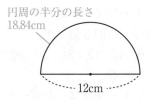
円周の半分の長さ
18.84cm

12cm

直径の12cmをたせばよいから，
$18.84 + 12 = 30.84$（cm）

9

解答

⑲　8 g　　⑳　6 個

解説

⑲　○のおもり1個の重さは，□の
おもり2個の重さと等しいです。

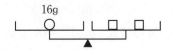
16g

○のおもり1個の重さは16gだ
から，□のおもり1個の重さは，
$16 \div 2 = 8$（g）

⑶ まず，△のおもり1個の重さを
　求めます。

　⑵より，□のおもり1個の重さ
は8gだから，右の皿のおもりの
重さは，

　　$8 \times 3 = 24$(g)

　○のおもり1個の重さは16gだ
から，△のおもり1個の重さは，

　　$(24 - 16) \div 2 = 4$(g)

　下の図の，右の皿にのせる△の
おもりの個数を求めます。

　左の皿のおもりの重さは，

　　$16 + 8 = 24$(g)

　△のおもり1個の重さは4gだ
から，右の皿にのせる△のおもり
の個数は，

　　$24 \div 4 = 6$(個)

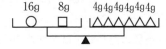

別の解き方

　○のおもり1個の重さは，□の
おもり2個の重さと等しいから，
下の図のように，○と□のおもり
を取りのぞいても，てんびんはつ
り合います。

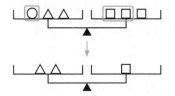

　△のおもり2個の重さは，□の
おもり1個の重さと等しいとわか
ります。

　よって，次のような関係が成り
立ちます。

（○1個の重さ）=（□2個の重さ）
（□1個の重さ）=（△2個の重さ）

　問題の図のてんびんの右の皿に，
左の皿と同じおもりをのせ，右の
皿の○のおもりと□のおもりを置
きかえていきます。

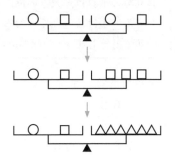

　右の皿にのせる△のおもりの数
は6個です。

1

解答

(1) 14

(2) 62

(3) 512

(4) 20

(5) 14.2

(6) 5.41

(7) 24.05

(8) 7

(9) $\dfrac{17}{21}$

(10) $\dfrac{4}{15}$

(11) $1\dfrac{3}{8}\left(\dfrac{11}{8}\right)$

(12) $2\dfrac{3}{7}\left(\dfrac{17}{7}\right)$

解説

(1) 筆算で計算します。

$$\begin{array}{r} 1\,4 \\ 6\,)\overline{\,8\,4\,} \\ \underline{6}\quad \leftarrow 6\times1 \\ 2\,4 \\ \underline{2\,4}\quad \leftarrow 6\times4 \\ 0 \end{array}$$

> わり算の筆算は，大きい位から，たてる→かける→ひく→おろすの順で計算します。

(2) 筆算で計算します。

$$\begin{array}{r} 6\,2 \\ 1\,3\,)\overline{\,8\,0\,6\,} \\ \underline{7\,8}\quad \leftarrow 13\times6 \\ 2\,6 \\ \underline{2\,6}\quad \leftarrow 13\times2 \\ 0 \end{array}$$

(3) $528 - 128 \div 8 = 528 - 16$
$= 512$

> $\times, \div \rightarrow +, -$
> の順に計算します。

(4) $600 \div (90 - 15 \times 4)$
$= 600 \div (90 - 60)$
$= 600 \div 30$
$= 20$

> （ ）の中を先に計算します。

(5) 筆算で計算します。

$$\begin{array}{r} \overset{1}{5}.\overset{1}{7}\,3 \\ +\,8.4\,7 \\ \hline 1\,4.2\,0 \end{array}$$
←位をそろえて書く

←上の小数点にそろえて，小数点をうつ

> 小数のたし算・ひき算の筆算は，位をそろえて書き，整数のたし算・ひき算と同じように計算します。
> 答えの小数点は，上の小数点にそろえてうちます。

(6) 筆算で計算します。

$$
\begin{array}{r}
{\scriptstyle 5 \; 9} \\
6.\cancel{0}\,\cancel{0} \\
-\ 0.5\,9 \\
\hline
5.4\,1
\end{array}
$$

← 位をそろえて書く

← 上の小数点にそろえて、小数点をうつ

(7) 筆算で計算します。

$$
\begin{array}{r}
3.⑦ \\
\times\ 6.⑤ \\
\hline
1\,8\,5 \\
2\,2\,2 \\
\hline
2\,4.⓪\,⑤
\end{array}
$$

← 小数点より下のけた数1

← 小数点より下のけた数1

← 小数点より下のけた数の和　1+1＝2

小数のかけ算の筆算は、右側にそろえて書き、整数のかけ算と同じように計算します。
積の小数点は、小数点より下のけた数が、かけられる数とかける数の小数点より下のけた数の和と同じになるようにうちます。

(8) 筆算で計算します。

$$
\begin{array}{r}
7 \\
8\,6\,)\overline{6\,0\,2} \\
6\,0\,2 \\
\hline
0
\end{array}
$$

10倍　　10倍

小数点の位置を右に1つずらす
↓
602÷86
の計算をする

小数のわり算の筆算は、わる数とわられる数の小数点を同じ数だけ右に移し、わる数を整数になおして計算します。
商の小数点は、わられる数の移した小数点にそろえてうちます。

(9) $\dfrac{1}{7}+\dfrac{2}{3}$

$=\dfrac{1\times3}{7\times3}+\dfrac{2\times7}{3\times7}$

分母を7と3の最小公倍数の21にする

$=\dfrac{3}{21}+\dfrac{14}{21}$

$=\dfrac{17}{21}$

分母のちがう分数のたし算・ひき算は、通分して（分母が同じ分数になおして）計算します。

(10) $1\dfrac{1}{10}-\dfrac{5}{6}$

帯分数を仮分数になおす

$=\dfrac{11}{10}-\dfrac{5}{6}$

$=\dfrac{11\times3}{10\times3}-\dfrac{5\times5}{6\times5}$

分母を10と6の最小公倍数の30にする

$=\dfrac{33}{30}-\dfrac{25}{30}$

$=\dfrac{8}{30}$

約分する

$=\dfrac{4}{15}$

(11) $\dfrac{5}{8}+\dfrac{1}{6}+\dfrac{7}{12}$

分母を 8 と 6 と12の最小公倍数の 24にする

$=\dfrac{5\times3}{8\times3}+\dfrac{1\times4}{6\times4}+\dfrac{7\times2}{12\times2}$

$=\dfrac{15}{24}+\dfrac{4}{24}+\dfrac{14}{24}$

$=\dfrac{33}{24}$

約分する

$=\dfrac{11}{8}$

$=1\dfrac{3}{8}$

(12) $1\dfrac{3}{14}-\dfrac{2}{7}+1\dfrac{1}{2}$

帯分数を仮分数になおす

$=\dfrac{17}{14}-\dfrac{2}{7}+\dfrac{3}{2}$

分母を14と7と 2 の最小公倍数の14にする

$=\dfrac{17}{14}-\dfrac{2\times2}{7\times2}+\dfrac{3\times7}{2\times7}$

$=\dfrac{17}{14}-\dfrac{4}{14}+\dfrac{21}{14}$

$=\dfrac{34}{14}$

約分する

$=\dfrac{17}{7}$

$=2\dfrac{3}{7}$

2

解答

(13) 920(個)　　(14) 0.84

(15) 3160

解説

(13) 位をそろえて書くと，個数がわかります。

2 億は1000万を20個，90億は1000万を900個集めた数です。

		億				万				
千	百	十	一	千	百	十	一	千	百	十	一
		9	2	0	0	0	0	0	0	0	0
				1	0	0	0	0	0	0	0

(14) 0.1が 8 個で0.8，0.01が 4 個で0.04，合わせて0.84です。

(15) 100倍すると，小数点が右に 2 けた移ります。

3 1、6 0.

小数を10倍，100倍，1000倍すると，小数点は，それぞれ右に1 けた，2 けた，3 けた移ります。

3

解答

(16) 128億円　　(17) 32億円

⒃　千万の位を四捨五入して，一億の位までの概数にします。

$$1\ 2\ 7\ ⑧\ 1\ 2\ 4\ 0\ 5\ 2\ 9$$

↓ 8だから切り上げる

$$1\ 0\ 0\ 0\ 0\ 0\ 0\ 0\ 0\ 0$$
$$1\ 2\ 7\ 8\ 1\ 2\ 4\ 0\ 5\ 2\ 9$$

↓

$$1\ 2\ 8\ 0\ 0\ 0\ 0\ 0\ 0\ 0\ 0$$

およそ128億円です。

> ある位までの概数にするときは，その1つ下の位を四捨五入します（0，1，2，3，4のときは切り捨て，5，6，7，8，9のときは切り上げます）。

⒄　会社Bの売上も，千万の位を四捨五入して，一億の位までの概数にします。

$$9\ 6\ ②\ 1\ 6\ 4\ 7\ 7\ 2\ 0$$

↓ 2だから切り捨てる

$$0\ 0\ 0\ 0\ 0\ 0\ 0\ 0\ 0\ 0$$
$$9\ 6\ 2\ 1\ 6\ 4\ 7\ 7\ 2\ 0$$

↓

$$9\ 6\ 0\ 0\ 0\ 0\ 0\ 0\ 0\ 0$$

概数にした会社Aの売上から会社Bの売上をひきます。

$$12800000000 - 9600000000$$
$$= 3200000000（円）$$

およそ32億円です。

別の解き方

ひき算をしてから，計算結果を概数にします。

$$12781240529 - 9621647720$$
$$= 3159592809$$

$$3\ 1\ ⑤\ 9\ 5\ 9\ 2\ 8\ 0\ 9$$

↓ 5だから切り上げる

$$1\ 0\ 0\ 0\ 0\ 0\ 0\ 0\ 0\ 0$$
$$3\ 1\ 5\ 9\ 5\ 9\ 2\ 8\ 0\ 9$$

↓

$$3\ 2\ 0\ 0\ 0\ 0\ 0\ 0\ 0\ 0$$

およそ32億円です。

4

解答

⒅　1050

⒆　$210 × \square = \bigcirc$

解説

⒅　あは，210円のプリンを5個買ったときの代金だから，
$$210 × 5 = 1050（円）$$

⒆　表より，$210 × （個数） = （代金）$だから，
$$210 × \square = \bigcirc$$

5

解答

⑳　150°　　㉑　135°

解説

⑳　$90° + 60° = 150°$

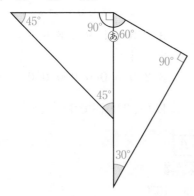

㉑　$180° - 45° = 135°$

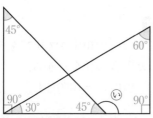

> 一直線の角度は180°です。

6

解答

㉒　午前 7 時42分

㉓　8 回

解説

㉒　電車が出発する時こくは 6 分ご
とだから，

　　7 時　0 分，6 分，12分，
　　　　　18分，24分，30分，
　　　　　36分，㊷，48分，
　　　　　54分

　バスが出発する時こくは14分ご
とだから，

　　7 時　0 分，14分，28分，
　　　　　㊷，56分

　午前 7 時の次に電車とバスが同
時に駅を発車するのは，午前 7 時
42分です。

別の解き方

　電車は 6 分ごと，バスは14分ご
とに出発するから，6 と14の倍数
で考えます。

　6 と14の最小公倍数は42だから，
午前 7 時の次に電車とバスが同時
に出発するのは，午前 7 時42分で
す。

⑳ ⑳より，電車とバスは42分ごと
に同時に出発するので，42の倍数
で考えます。42の倍数は，

  42，84，126，168，210，252，
  294，336，378，…

7時42分の次に同時に出発する
のは，

  84÷60＝1あまり24

より7時から1時間24分後だから
8時24分です。同様に計算すると，

  126÷60＝2あまり6
  168÷60＝2あまり48
  210÷60＝3あまり30
  252÷60＝4あまり12
  294÷60＝4あまり54
  336÷60＝5あまり36
  378÷60＝6あまり18

となるから，同時に出発するのは，

  7時42分， 8時24分，
  9時6分， 9時48分，
  10時30分， 11時12分，
  11時54分， 12時36分，
  （13時18分）

求めるのは13時までの回数だか
ら， 8回です。

別の解き方

午前7時から午後1時までは6
時間だから360分です。

  360÷42＝8あまり24

より，360までの中に42の倍数は
8個あるから，求める回数は8回
です。

7

解答

⑳ 72回
⑳ 75×5−(74＋71＋70＋73)
  ＝87

  （答え） 87回

解説

⑳ とんだ回数の合計は，
  74＋71＋70＋73＝288（回）
 4グループの平均は，
  288÷4＝72（回）

平均＝合計÷個数

⑳ Eがとんだ回数は，5グループ
 がとんだ回数の合計からA，B，C，
 Dの4グループの回数の合計をひ
 いて求めます。5グループの平均
 は75回だから，
  75×5−(74＋71＋70＋73)
  ＝87（回）

合計＝平均×個数

8

⑳ 2400cm³   ㉗ 18000cm³

㉘ 2cm

解説

㉖ たて12cm，横20cm，高さ10cm
の直方体だから，
$$12 \times 20 \times 10 = 2400 (cm^3)$$

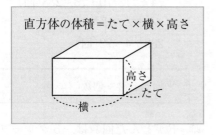

直方体の体積＝たて×横×高さ

㉗ たて30cm，横40cm，水の深さ
が15cmだから，
$$30 \times 40 \times 15 = 18000 (cm^3)$$

㉘ 水の深さが□cm増えるとしま
す。増える分の体積と石の体積は
等しいから，
$$30 \times 40 \times \square = 2400$$
$$\square = 2400 \div 1200$$
$$= 2$$
水の深さは2cm増えます。

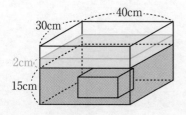

9

解答

㉙ 81まい   ㉚ 49まい

解説

㉙
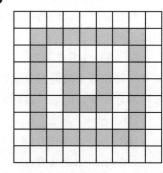

5番め

タイルのならべ方のきまりを見
つけます。1辺のタイルの数は，
次のように2まいずつ増えます。

1番め … 1まい ┐
2番め … 3まい │ ＋2まい
3番め … 5まい │ ＋2まい
4番め … 7まい │ ＋2まい
5番め … 9まい │ ＋2まい
6番め … 11まい ┘ ＋2まい
⋮   ⋮

5番めの形は，1辺のタイルの
数が9まいの正方形だから，タイ
ルの数は全部で，
$$9 \times 9 = 81 (まい)$$

(30)

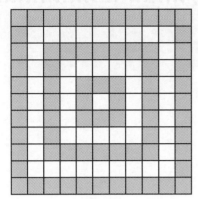

6番め

　6番めの形の□のタイルの数を
求めるには，1番めの形，3番め
の形，5番めの形のいちばん外側
のタイルの数をたします。

　1番めの形の□のタイルの数は
1まいです。

　3番めの形の1辺のタイルの数
は5まいです。いちばん外側のタ
イルの数は，図のように4つの部
分に分けて数えます。1つ分は1
辺のタイルの数より1まい少ない
4まいだから，その数は，

　　$(5-1) \times 4 = 16$（まい）

　5番めの形の1辺のタイルの数
は9まいだから，いちばん外側の
タイルの数は，

　　$(9-1) \times 4 = 32$（まい）

　全部たすと，

　　$1 + 16 + 32 = 49$（まい）

実用数学技能検定® 数検

過去問題集 7級

··

模範解答

1	(1)	14	**1**	(11)	$1\frac{4}{15}\left(\frac{19}{15}\right)$
	(2)	26		(12)	$\frac{11}{18}$
	(3)	4	**2**	(13)	1530 （個）
	(4)	2000		(14)	0.49
	(5)	12.31		(15)	0.154
	(6)	4.94	**3**	(16)	17000（人）
	(7)	61.32		(17)	52000（人）
	(8)	3.8	**4**	(18)	29　（度）
	(9)	$\frac{7}{12}$		(19)	エ
	(10)	$\frac{9}{10}$	**5**	(20)	（辺）キカ

太わくの部分は必ず記入してください。

ふりがな			受検番号
姓	名		—

生年月日　大正　昭和　平成　西暦　　年　月　日生

性別（□をぬりつぶしてください）男□　女□　　年齢　　歳

ここにバーコードシールをはってください。

住所　□□□-□□□□

／30

公益財団法人 日本数学検定協会

5	(21)	(点)	ケ，ス
	(22)		$3\frac{11}{12}\left(\frac{47}{12}\right)$ m
	(23)		$2\frac{1}{15}\left(\frac{31}{15}\right)$ m
6	(24)		$1\frac{1}{4}-\frac{3}{5}=\frac{5}{4}-\frac{3}{5}$ $=\frac{25}{20}-\frac{12}{20}$ $=\frac{13}{20}$ (答え) $\frac{13}{20}$ (m)
7	(25)		40 (%)
	(26)		300 (円)
8	(27)	(辺)	HE
	(28)	(角)	C
9	(29)		990 (円)
	(30)	ア 4100	イ 4400

	(1)	12
	(2)	28
	(3)	173
	(4)	3
1	(5)	8.46
	(6)	3.53
	(7)	14.04
	(8)	2.9
	(9)	$\frac{7}{8}$
	(10)	$1\frac{14}{15}\left(\frac{29}{15}\right)$

1	(11)	$1\frac{26}{45}\left(\frac{71}{45}\right)$
	(12)	$1\frac{1}{28}\left(\frac{29}{28}\right)$
2	(13)	480 （個）
	(14)	0.46
	(15)	29.3
3	(16)	6 （倍）
	(17)	34 （円）
4	(18)	8
	(19)	○＋□＝20
5	(20)	（点） カ

ここにバーコードシールを
はってください。

太わくの部分は必ず記入してください。

ふりがな

姓　　　名

受検番号

—

生年月日　大正　昭和　平成　西暦　　年　月　日生

性別（□をぬりつぶしてください）男□　女□　年齢　　歳

住所　□□□-□□□□

／30

公益財団法人 日本数学検定協会

5	(21)	(横　6　cm, たて　7　cm)
	(22)	4.8　　　　(m)
6	(23)	82.8 ÷ 7.2 = 11.5 (答え)　　11.5　　　(m)
	(24)	289.8　　(m²)
7	(25)	24　　　（％）
	(26)	42万　　（円）
8	(27)	37.68 cm
	(28)	20.56 cm
9	(29)	9
	(30)	4

1	(1)	12		**1**	(11)	$\dfrac{23}{24}$
	(2)	24			(12)	$2\dfrac{2}{5}\left(\dfrac{12}{5}\right)$
	(3)	40		**2**	(13)	24 （個）
	(4)	5			(14)	0.72
	(5)	6.57			(15)	860
	(6)	1.47		**3**	(16)	8 （個）
	(7)	15.96			(17)	ふくろ 17 ｜ あまり 3 （個）
	(8)	9.5		**4**	(18)	10 （人）
	(9)	$\dfrac{11}{14}$			(19)	14 （人）
	(10)	$\dfrac{7}{12}$		**5**	(20)	16 cm²

ここにバーコードシールを
はってください。

太わくの部分は必ず記入してください。

ふりがな		受検番号
姓	名	―

生年月日　大正　昭和　平成　西暦　　年　月　日生

性別（□をぬりつぶしてください）男□　女□　　年齢　　歳

住所　□□□-□□□□

／30

公益財団法人 日本数学検定協会

5	(21)	$140 \ cm^2$	
6	(22)	54321	
	(23)	12354	
7	(24)	$3600 \div 4500 \times 100 = 80$	
		(答え)　　　80　　　　（％）	
	(25)	A　（店が）　450　（円安い）	
8	(26)	48	（cm）
	(27)	60	（度）
	(28)	120	（度）
9	(29)	4	（分）
	(30)	図2（の方法が）　1　（分速い）	

1	(1)	23
	(2)	9
	(3)	254
	(4)	5
	(5)	14.17
	(6)	3.64
	(7)	61.5
	(8)	73
	(9)	$1\frac{7}{12}\left(\frac{19}{12}\right)$
	(10)	$\frac{1}{3}$

1	(11)	$1\frac{3}{4}\left(\frac{7}{4}\right)$
	(12)	$\frac{8}{15}$
2	(13)	12　（個）
	(14)	0.97
	(15)	0.508
3	(16)	14　（人）
	(17)	1人分 8 （本）　あまり 6 （本）
4	(18)	2
	(19)	9
5	(20)	③

太わくの部分は必ず記入してください。

ここにバーコードシールを
はってください。

ふりがな		受検番号
姓	名	—

生年月日　大正　昭和　平成　西暦　　年　月　日生

性別（□をぬりつぶしてください）男□　女□　　年齢　　歳

□□□-□□□□

住所

/30

公益財団法人 **日本数学検定協会**

5	(21)	②	
6	(22)	$\dfrac{13}{24}$	(kg)
	(23)	$2\dfrac{5}{24}\left(\dfrac{53}{24}\right)$	(kg)
	(24)	$\dfrac{7}{8}$	(kg)
7	(25)	15	(%)
	(26)	$300000 \times 0.2 = 60000$ (答え)　60000	（円）
8	(27)	62.8 cm	
	(28)	10 cm	
9	(29)	10	(点)
	(30)	マーク　ハート　｜　数　4	

1	(1)	13	**1**	(11)	$1\frac{1}{2}\left(\frac{3}{2}\right)$	
	(2)	14		(12)	$1\frac{2}{9}\left(\frac{11}{9}\right)$	
	(3)	25	**2**	(13)	980	(個)
	(4)	300		(14)	0.63	
	(5)	14.02		(15)	71.5	
	(6)	3.47	**3**	(16)	㋓	
	(7)	45.9		(17)	㋕	
	(8)	8	**4**	(18)	14	(人)
	(9)	$1\frac{7}{15}\left(\frac{22}{15}\right)$		(19)	17	(人)
	(10)	$\frac{11}{21}$	**5**	(20)	75	(度)

公益財団法人 **日本数学検定協会**

5	(21)	15	(度)
	(22)	12	(個)
6	(23)	8	(個)
	(24)	4	(個)
	(25)	70	(％)
7	(26)	$150 \times 0.8 = 120$ (答え) 120	(人)
8	(27)	31.4 cm	
	(28)	30.84 cm	
9	(29)	8	(g)
	(30)	6	(個)

	(1)	14		(11)	$1\frac{3}{8}\left(\frac{11}{8}\right)$	
	(2)	62	**1**	(12)	$2\frac{3}{7}\left(\frac{17}{7}\right)$	
	(3)	512		(13)	920　（個）	
	(4)	20	**2**	(14)	0.84	
	(5)	14.2		(15)	3160	
1	(6)	5.41	**3**	(16)	128 億（円）	
	(7)	24.05		(17)	32 億　（円）	
	(8)	7	**4**	(18)	1050	
	(9)	$\frac{17}{21}$		(19)	$210 \times \square = \bigcirc$	
	(10)	$\frac{4}{15}$	**5**	(20)	150°	

太わくの部分は必ず記入してください。

ふりがな			受検番号
姓		名	—

生年月日　大正　昭和　平成　西暦　　年　月　日生

性別（□をぬりつぶしてください）男□　女□　年齢　　歳

住所　□□□-□□□□

/30

公益財団法人 日本数学検定協会

5	(21)	135°	
6	(22)	（午前） 7 （時） 42 （分）	
	(23)	8	（回）
7	(24)	72	（回）
	(25)	$75 \times 5 - (74 + 71 + 70 + 73)$ $= 87$ （答え） 87 （回）	
8	(26)	2400	(cm³)
	(27)	18000	(cm³)
	(28)	2	(cm)
9	(29)	81	（まい）
	(30)	49	（まい）

算数検定